U0167163

日式建筑设计资料图集

日本建筑资料研究社 编著

李明 译

辽宁科学技术出版社

·沈 阳·

WA NO KENCHIKU ZUANSHUU
© Kenchiku Shiryo Kenkyusha CO.,LTD. 2010
Originally published in Japan in 2010 by Kenchiku Shiryo Kenkyusha CO.,LTD.
Chinese (Simplified Character only)
translation rights arranged with Kenchiku Shiryo Kenkyusha CO.,LTD. through
TOHAN CORPORATION, TOKYO.

© 2022辽宁科学技术出版社
著作权合同登记号：第06-2020-162号。

图书在版编目 (CIP) 数据

日式建筑设计资料图集 / 日本建筑资料研究社编著；
李明译 . — 沈阳：辽宁科学技术出版社，2022.11
ISBN 978-7-5591-2609-2

Ⅰ . ①日… Ⅱ . ①日… ②李… Ⅲ . ①建筑设计—日
本—图集 Ⅳ . ① TU206

中国版本图书馆 CIP 数据核字（2022）第 135441 号

出版发行：辽宁科学技术出版社
　　　　　（地址：沈阳市和平区十一纬路 25 号　邮编：110003）
印 刷 者：辽宁新华印务有限公司
经 销 者：各地新华书店
幅面尺寸：185mm×260mm
印　　张：10.5
字　　数：150 千字
印　　数：1~3000
插　　页：4
出版时间：2022 年 11 月第 1 版
印刷时间：2022 年 11 月第 1 次印刷
责任编辑：闻　通
封面设计：周　洁
版式设计：徐瑷婕
责任校对：闻　洋

书　　号：ISBN 978-7-5591-2609-2
定　　价：68.00 元

联系电话：024-23284740
邮购热线：024-23284502
E-mail:605807453@qq.com
http://www.lnkj.com.cn

日本建筑中有许多木结构建筑特有的细节，这些细节形态各异。从传自中国的，特别是在东亚被广泛应用的形状，到日本自身创造的形状，其中，既有以木材原料形状为基础进行创造的，也有摆脱原形状限制进一步多样化创造的。此外，还有很多形状是在尝试中获得灵感进行创造的。本书全面地收录了各种木结构细节，包含大量有趣的木质结构。本书内容不仅局限于建筑设计，还能为各种设计工作提供参考。

东京大学教授　工学博士

藤井惠介

目　录

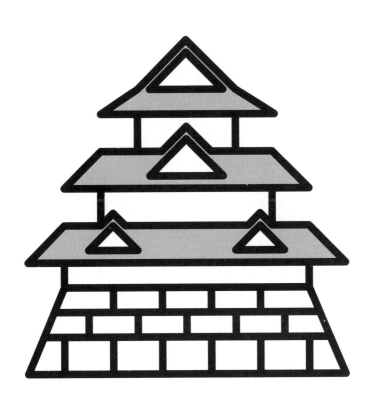

城

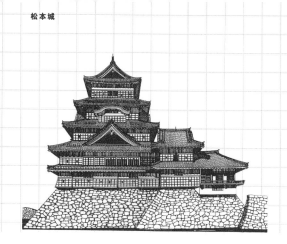

城

松本城

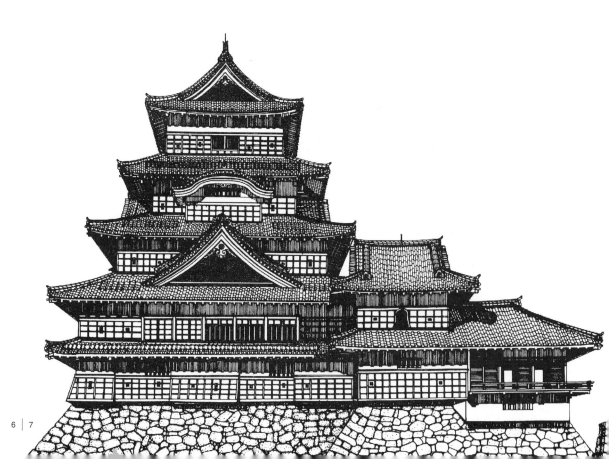

姬路城

城

犬山城 天守

松本城 望月楼

備中松山城 天守

高知城 天守

姫路城 太鼓楼

大阪城 乾楼

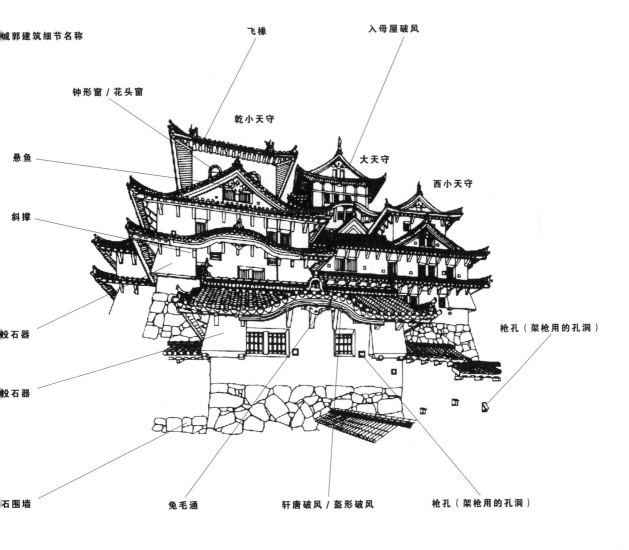

城郭建筑细节名称

飞椽

入母屋破风

钟形窗 / 花头窗

乾小天守

悬鱼

大天守

西小天守

斜撑

投石器

枪孔（架枪用的孔洞）

投石器

石围墙

兔毛通

轩唐破风 / 盔形破风

枪孔（架枪用的孔洞）

城

姬路城 布局

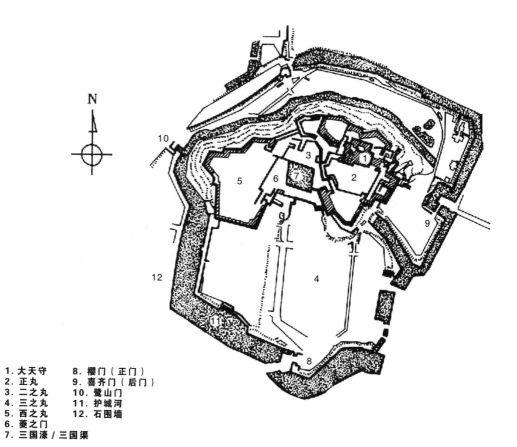

N

1. 大天守　　　8. 樱门（正门）
2. 正丸　　　　9. 喜齐门（后门）
3. 二之丸　　　10. 鹭山门
4. 三之丸　　　11. 护城河
5. 西之丸　　　12. 石围墙
6. 菱之门
7. 三国濠 / 三国渠

神社与寺庙 / 正殿

神社与寺庙 / 正殿

神明造一间社
侧立面图

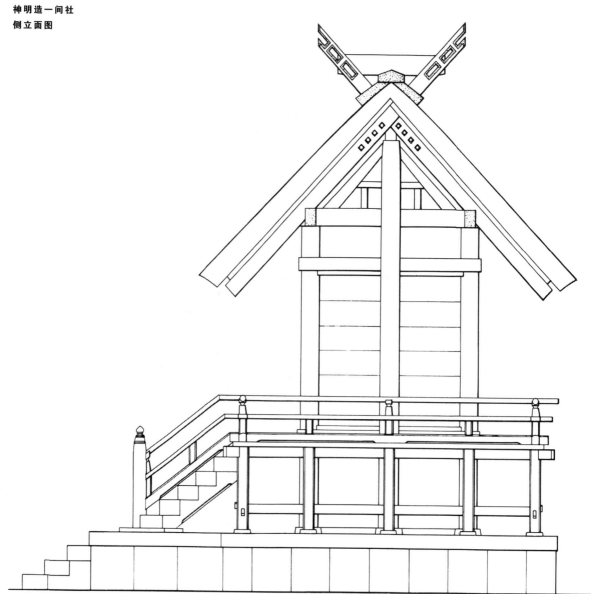

神明造一间社

神明造一间社
正立面图

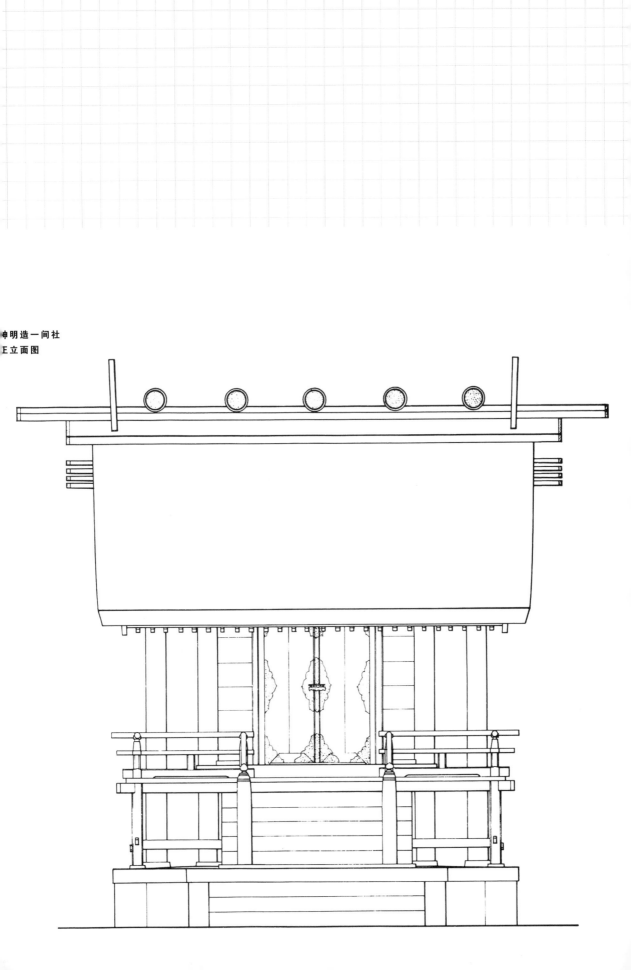

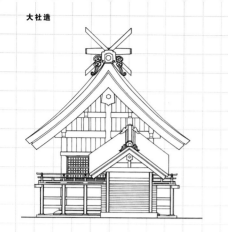
大社造

大社造
正立面图

侧立面图

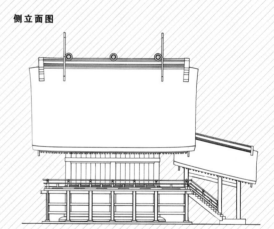

住吉造
正立面图

侧立面图

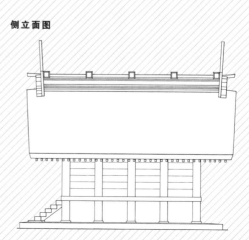

八幡造三间社
侧立面图

正立面图

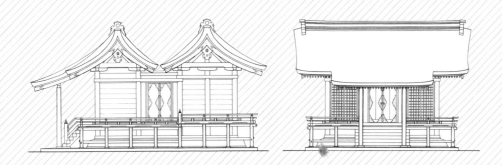

春日造
正立面图

侧立面图

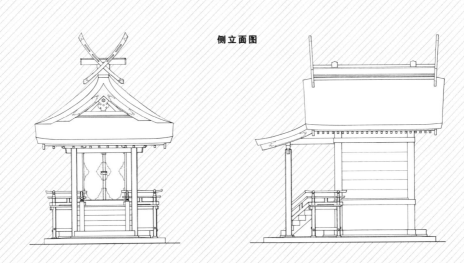

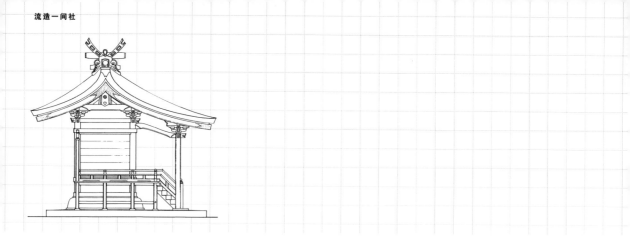

神社与寺庙 / 正殿

流造一间社
侧立面图

流造一间社
正立面图

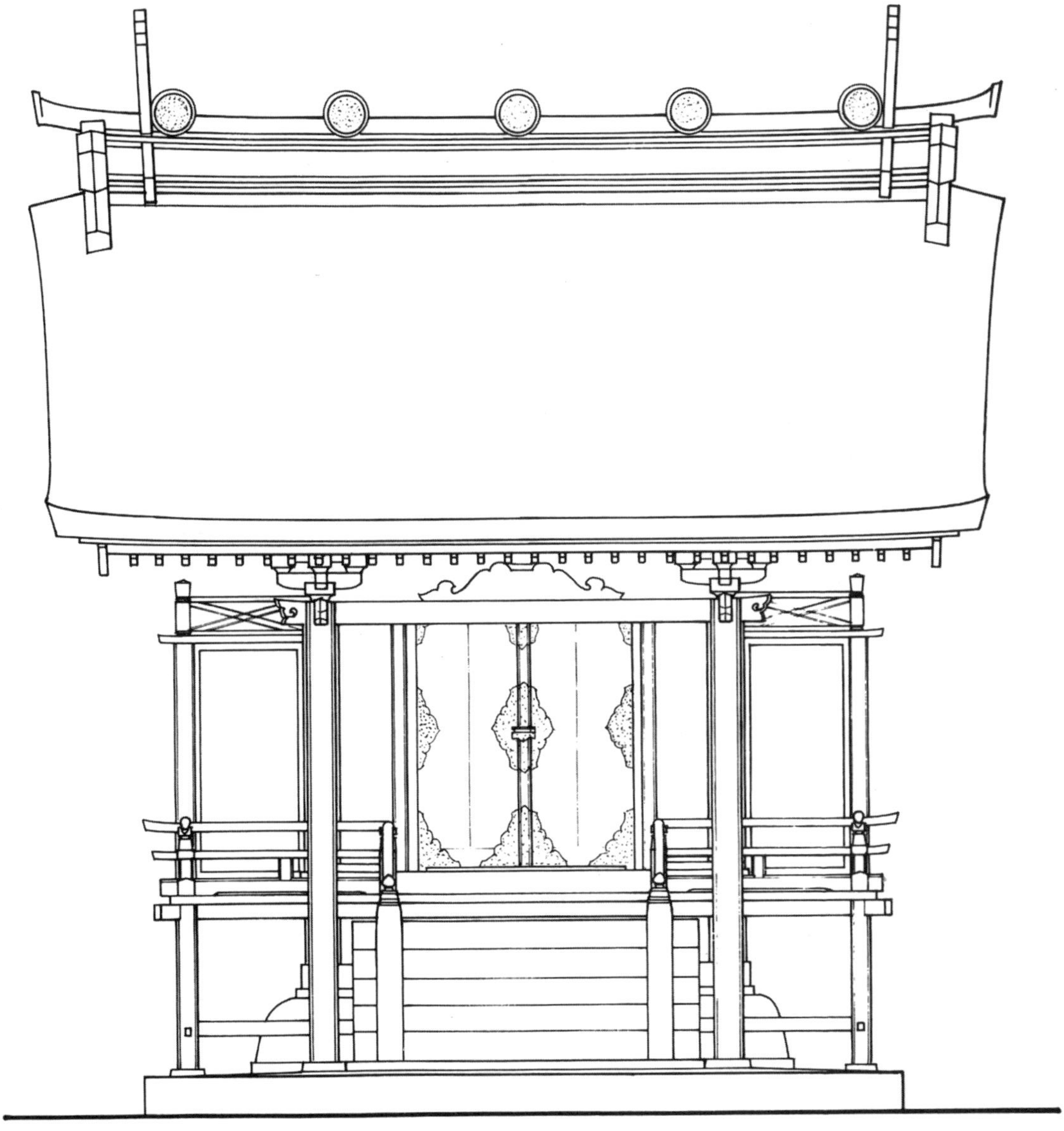

神社与寺庙 / 正殿

切妻造（悬山顶）三间社
侧立面图

正立面图

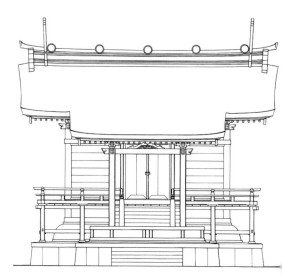

入母屋造（歇山顶）平入＊三间＊社　　　　　　　　　正立面图

侧立面图

＊平入：从与屋顶大坡面平行

的一侧进入，即正面进入；

三间：三开间）

 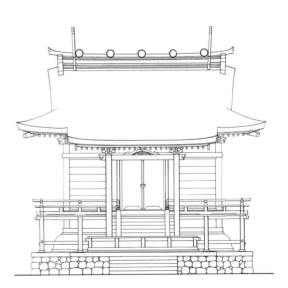

神社与寺庙 / 正殿

入母屋造（歇山顶）妻入 * 三间社

正立面图

（ * 妻入：从与屋顶大坡面垂直
的一侧进入，即侧面进入）

侧立面图

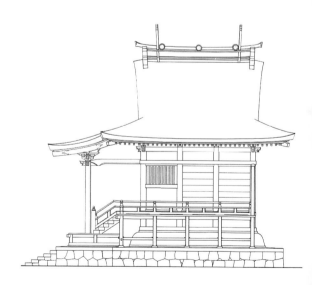

各部分名称
神明造
皇大神宫（内宫）主殿

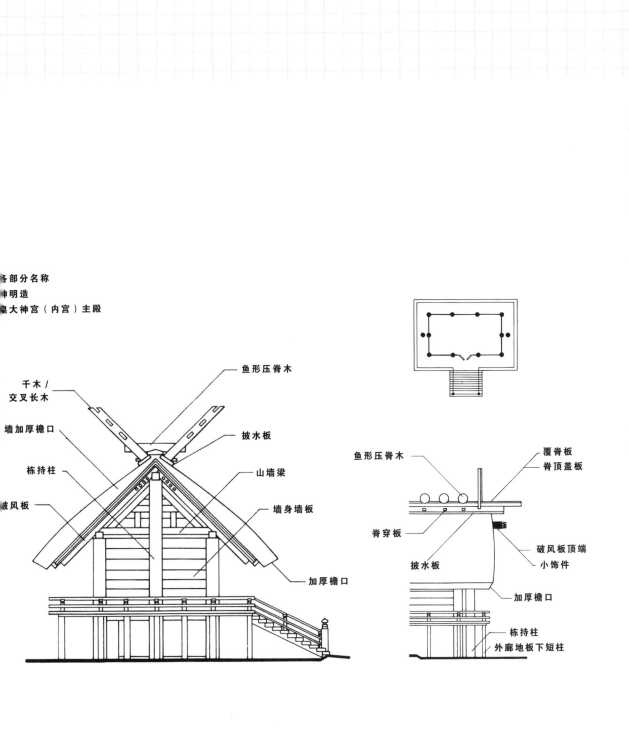

鱼形压脊木

千木 /
交叉长木

披水板

墙加厚檐口

山墙梁

栋持柱

墙身墙板

破风板

加厚檐口

鱼形压脊木

覆脊板

脊顶盖板

脊穿板

破风板顶端

小饰件

披水板

加厚檐口

栋持柱

外廊地板下短柱

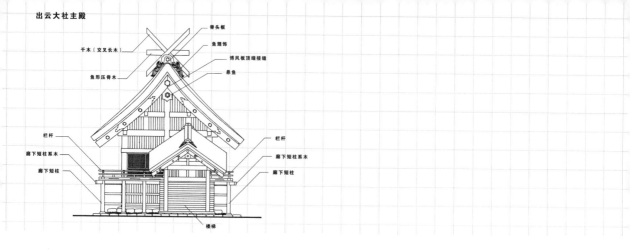

出云大社主殿

脊头板
鱼翅饰
博风板顶端接缝
千木〔交叉长木〕
悬鱼
鱼形压脊木

栏杆
廊下短柱系木
廊下短柱

栏杆
廊下短柱系木
廊下短柱

楼梯

神社与寺庙 / 正殿

大社造
出云大社主殿

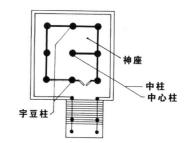

神座
中柱
中心柱
宇豆柱

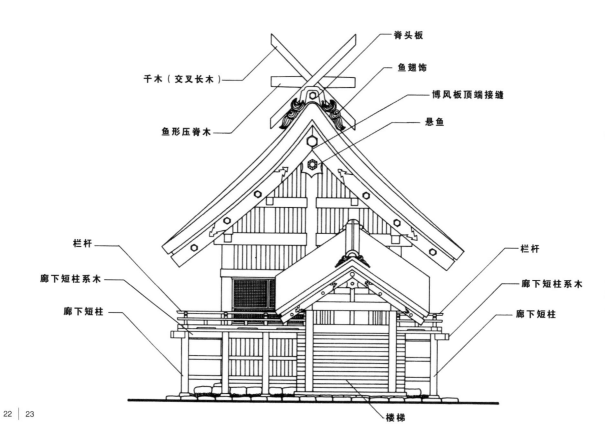

脊头板
鱼翅饰
千木〔交叉长木〕
博风板顶端接缝
悬鱼
鱼形压脊木

栏杆
廊下短柱系木
廊下短柱

栏杆
廊下短柱系木
廊下短柱

楼梯

春日造
春日大社主殿

千木（交叉长木）
鱼形压脊木
悬鱼
山墙加厚檐口
加厚檐口
门扇
楼梯

千木（交叉长木）
鱼形压脊木
系虹梁
挑廊破风
破风板
椽
柱顶木枋
主柱
参拜厅
昂头栏杆
参拜厅柱
覆地木柱
廊下短柱
带踏步侧板斜梁

住吉造
住吉大社主殿

千木（交叉长木）
鱼形压脊木
叉手
短柱
山墙加厚檐口
主悬鱼
破风板
檩端悬鱼

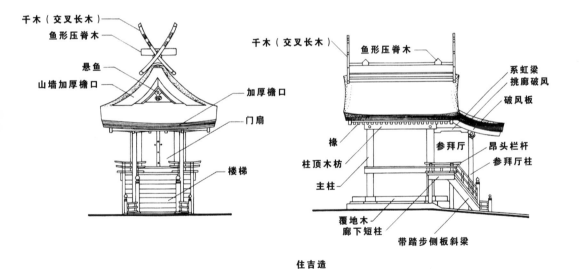
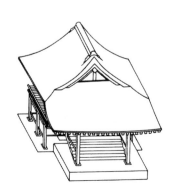
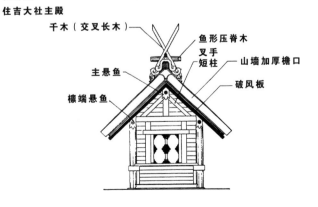

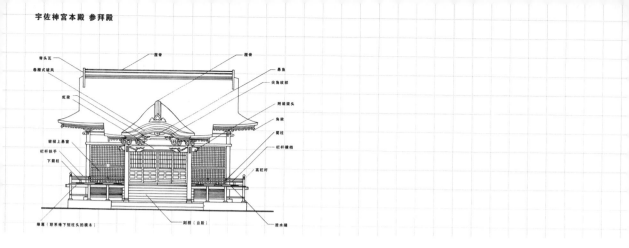

脊头瓦
卷棚式破风
虹梁
密棂上悬窗
栏杆扶手
下蜀柱
缘葛（联系缘下短柱头的横木）
刻桥（台阶）
泄水瓶
屋脊
悬鱼
尖角纹样
附装梁头
角梁
蜀柱
栏杆横档
高栏杆

神社与寺庙 / 正殿

八幡造
宇佐神宫本殿 参拜殿

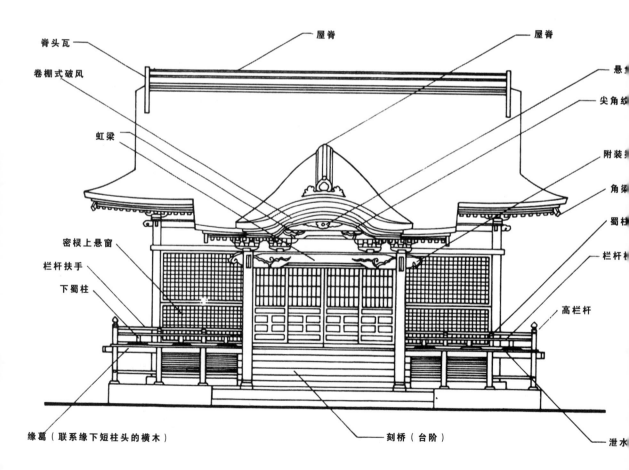

脊头瓦
卷棚式破风
虹梁
密棂上悬窗
栏杆扶手
下蜀柱
缘葛（联系缘下短柱头的横木）
屋脊
屋脊
悬魚
尖角纹
附装梁
角梁
蜀柱
栏杆
高栏杆
刻桥（台阶）
泄水

神社与寺庙 / 塔

三重塔

三重塔　　　　　　　　　　　　　　五重塔

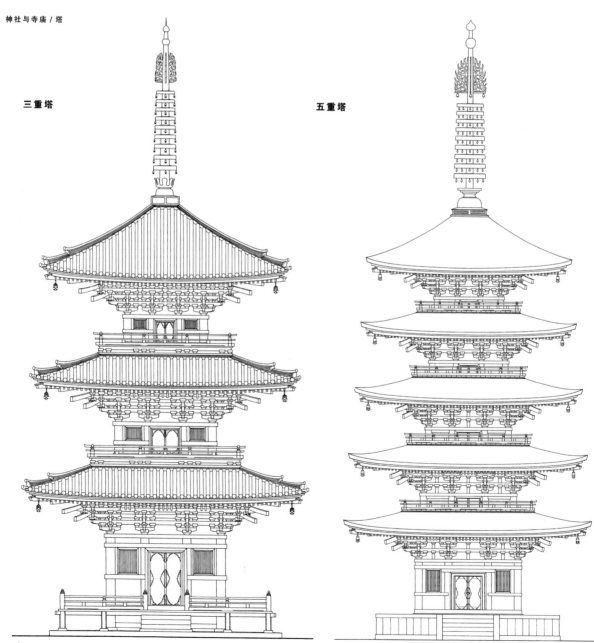

七重塔
东大寺
推测于奈良时代复原

多宝塔
石山寺
镰仓时代

三重塔
兴福寺
镰仓时代

十三重塔
谈山神社
室町时代

神社与寺庙 / 塔

瑜祇塔
高野山龙光院
昭和时代修复

多宝塔（大塔）
根来寺
室町时代

三重塔（带初重裳阶）
安乐寺 八角塔
室町时代

五重塔
法隆寺
奈良时代前期

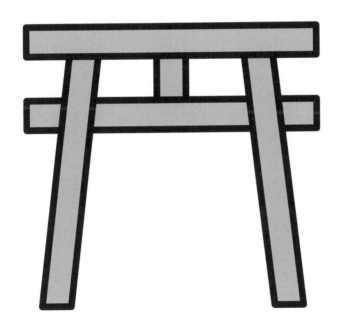

神社与寺庙 / 鸟居

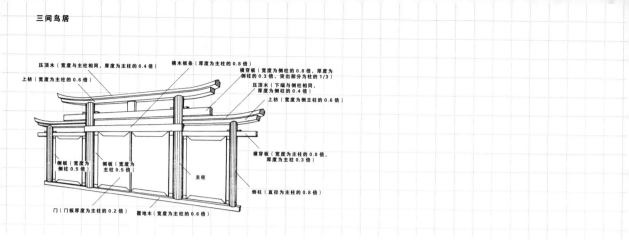

压顶木（宽度与主柱相同，厚度为主柱的 0.4 倍）
上枋（宽度为主柱的 0.6 倍）
横木板条（厚度为主柱的 0.8 倍）
横穿板（宽度为侧柱的 0.8 倍，厚度为侧柱的 0.3 倍，突出部分为柱的 1/3）
压顶木（下端与侧柱相同，厚度为侧柱的 0.4 倍）
上枋（宽度为侧主柱的 0.6 倍）
横穿板（宽度为主柱的 0.8 倍，厚度为主柱 0.3 倍）
侧柱（直径为主柱的 0.8 倍）
侧板（宽度为侧柱 0.5 倍）
侧板（宽度为主柱 0.5 倍）
主柱
门（门板厚度为主柱的 0.2 倍）
覆地木（宽度为主柱的 0.6 倍）

三间鸟居

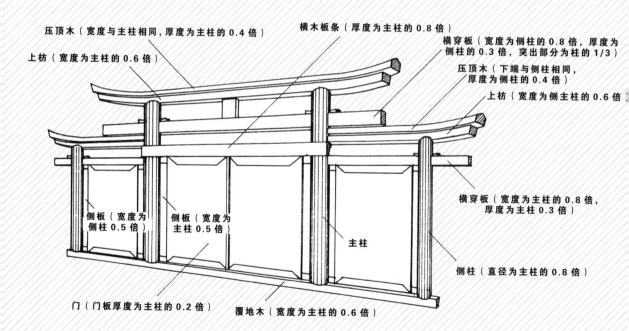

压顶木（宽度与主柱相同，厚度为主柱的 0.4 倍）

横木板条（厚度为主柱的 0.8 倍）

横穿板（宽度为侧柱的 0.8 倍，厚度为侧柱的 0.3 倍，突出部分为柱的 1/3）

上枋（宽度为主柱的 0.6 倍）

压顶木（下端与侧柱相同，厚度为侧柱的 0.4 倍）

上枋（宽度为侧主柱的 0.6 倍）

横穿板（宽度为主柱的 0.8 倍，厚度为主柱 0.3 倍）

侧板（宽度为侧柱 0.5 倍）

侧板（宽度为主柱 0.5 倍）

主柱

侧柱（直径为主柱的 0.8 倍）

门（门板厚度为主柱的 0.2 倍）

覆地木（宽度为主柱的 0.6 倍）

鸟居

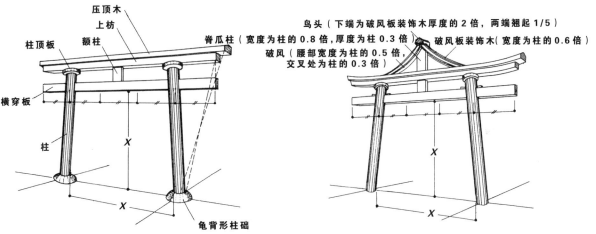

压顶木
上枋
额柱
柱顶板
脊瓜柱（宽度为柱的 0.8 倍，厚度为柱 0.3 倍）
横穿板
柱
X
X
龟背形柱础

山王鸟居（合掌鸟居，综合鸟居）

鸟头（下端为破风板装饰木厚度的 2 倍，两端翘起 1/5）
破风板装饰木（宽度为柱的 0.6 倍）
破风（腰部宽度为柱的 0.5 倍，交叉处为柱的 0.3 倍）
X
X

带门神明鸟居

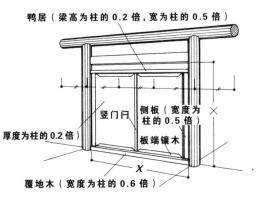

鸭居（梁高为柱的 0.2 倍，宽为柱的 0.5 倍）
竖门闩
侧板（宽度为柱的 0.5 倍）
板端镶木
厚度为柱的 0.2 倍
X
覆地木（宽度为柱的 0.6 倍）

两部鸟居（四脚鸟居，袖鸟居，权现鸟居，枠鸟居）

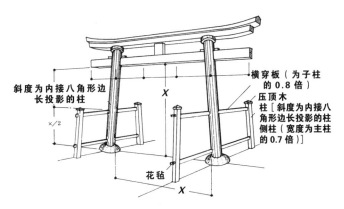

斜度为内接八角形边长投影的柱
X/2
X
横穿板（为子柱的 0.8 倍）
压顶木
柱［斜度为内接八角形边长投影的柱
侧柱（宽度为主柱的 0.7 倍）］
花毡
X

中山鸟居

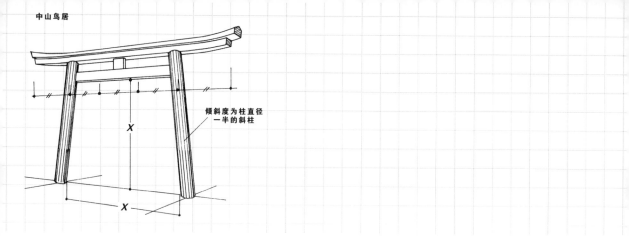

倾斜度为柱直径
一半的斜柱

明神鸟居

压顶木（厚度为柱的 0.4 倍，下端与柱大小相同，从 3/10 处翘起）
上枋（厚度为柱的 0.6 倍，1/5 处翘起）
额柱（宽度为柱的 0.9 倍，厚
度与横穿板内部相同）
横穿板（宽度为柱的 0.8 倍，
厚度为柱的 0.3 倍）

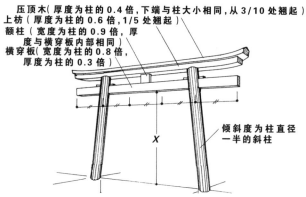

倾斜度为柱直径
一半的斜柱

稻荷鸟居

鸟居柱顶板

空隙（高度为柱直径的 1.3 倍）

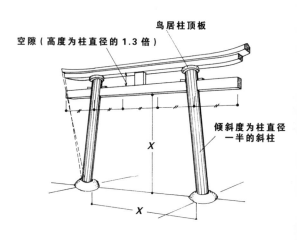

倾斜度为柱直径
一半的斜柱

中山鸟居

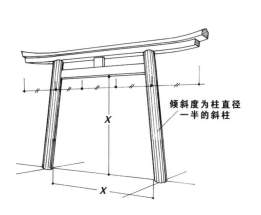

倾斜度为柱直径
一半的斜柱

住吉鸟居

四角半倾斜柱

唐破风鸟居

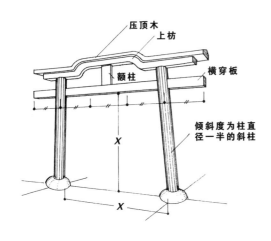

压顶木
上枋
额柱
横穿板
倾斜度为柱直径一半的斜柱
X
X

肥前鸟居

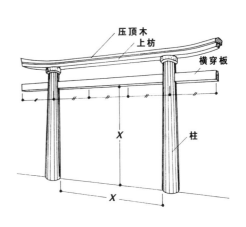

压顶木
上枋
横穿板
柱
X
X

神明鸟居（内宫）

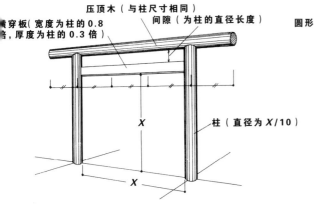

压顶木（与柱尺寸相同）
间隙（为柱的直径长度）
横穿板（宽度为柱的0.8倍，厚度为柱的0.3倍）
柱（直径为 $X/10$）
X
X

黑木鸟居

压顶木（与柱尺寸相同）
间隙（与柱的直径长度相同）
圆形横穿板（直径为柱的0.8倍）
柱（直径为 $X/10$）
X
X

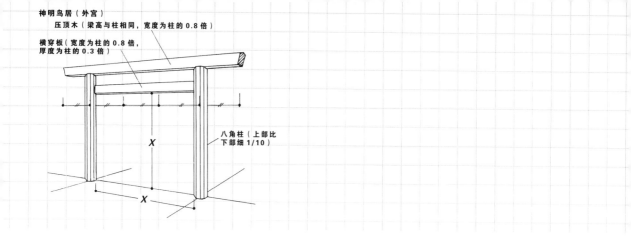

神明鸟居（外宫）
压顶木（梁高与柱相同，宽度为柱的 0.8 倍）
横穿板（宽度为柱的 0.8 倍，
厚度为柱的 0.3 倍）

八角柱（上部比
下部细 1/10）

X

X

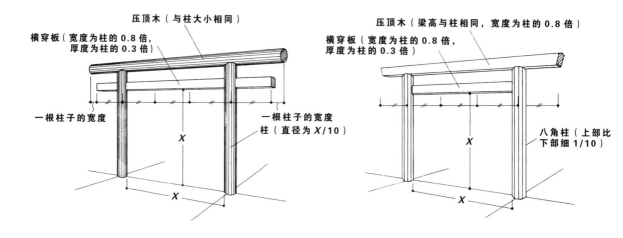

鹿岛鸟居

压顶木（与柱大小相同）

横穿板（宽度为柱的 0.8 倍，
厚度为柱的 0.3 倍）

一根柱子的宽度

一根柱子的宽度
柱（直径为 X/10）

X

X

神明鸟居（外宫）

压顶木（梁高与柱相同，宽度为柱的 0.8 倍）

横穿板（宽度为柱的 0.8 倍，
厚度为柱的 0.3 倍）

八角柱（上部比
下部细 1/10）

X

X

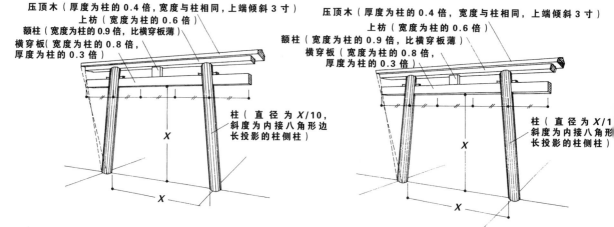

春日鸟居

压顶木（厚度为柱的 0.4 倍，宽度与柱相同，上端倾斜 3 寸）
上枋（宽度为柱的 0.6 倍）
额柱（宽度为柱的 0.9 倍，比横穿板薄）
横穿板（宽度为柱的 0.8 倍，
厚度为柱的 0.3 倍）

柱（直径为 X/10，
斜度为内接八角形边
长投影的柱侧柱）

X

X

八幡鸟居

压顶木（厚度为柱的 0.4 倍，宽度与柱相同，上端倾斜 3 寸）
上枋（宽度为柱的 0.6 倍）
额柱（宽度为柱的 0.9 倍，比横穿板薄）
横穿板（宽度为柱的 0.8 倍，
厚度为柱的 0.3 倍）

柱（直径为 X/1
斜度为内接八角形
长投影的柱侧柱）

X

X

神社与寺庙 / 门，钟楼

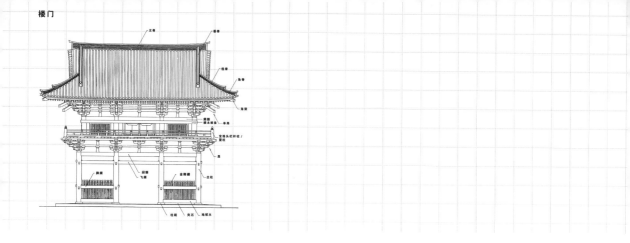

神社与寺庙 / 门，钟楼

楼门
正立面图

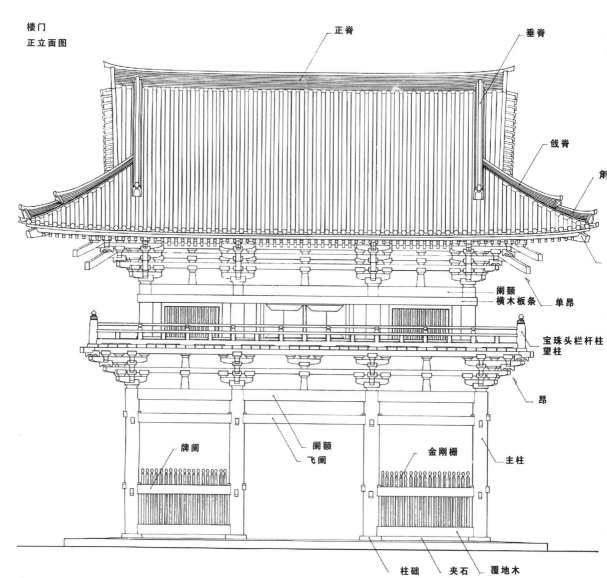

正脊

垂脊

戗脊

角

阑额
横木板条　单昂

宝珠头栏杆柱
望柱

昂

牌阑

阑额
飞阑

金刚栅

主柱

柱础　夹石　覆地木

立面图

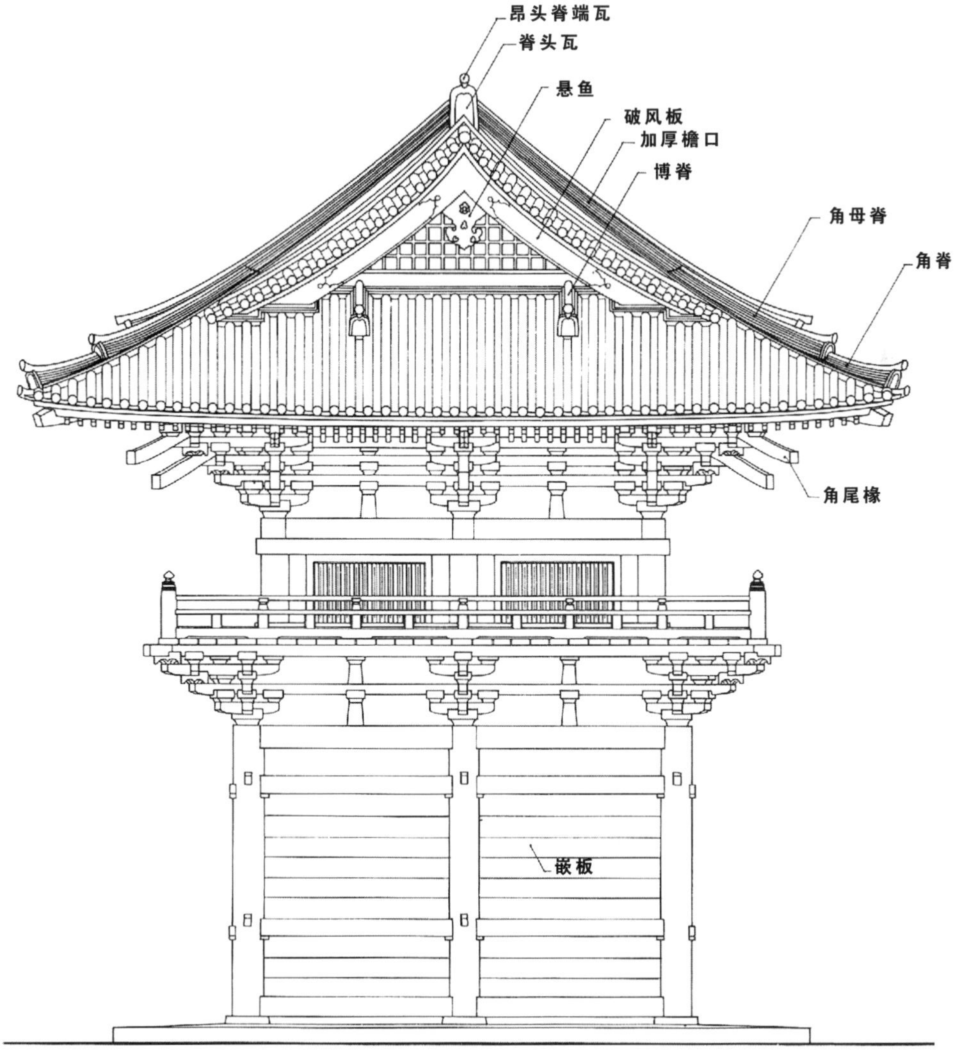

昂头脊端瓦

脊头瓦

悬鱼

破风板

加厚檐口

博脊

角母脊

角脊

角尾椽

镶板

山门

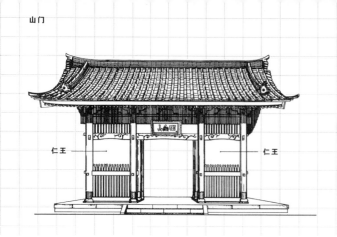

仁王 —— ——— 仁王

神社与寺庙 / 门，钟楼

袴腰钟楼   **龙宫造山门**

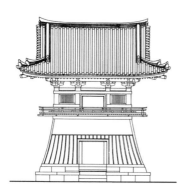

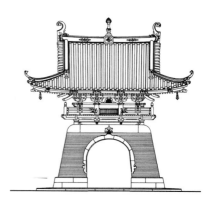

山门

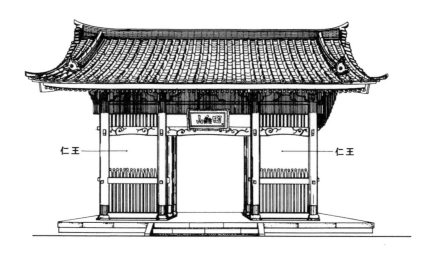

仁王 —— ——— 仁王

鹤林寺 正殿

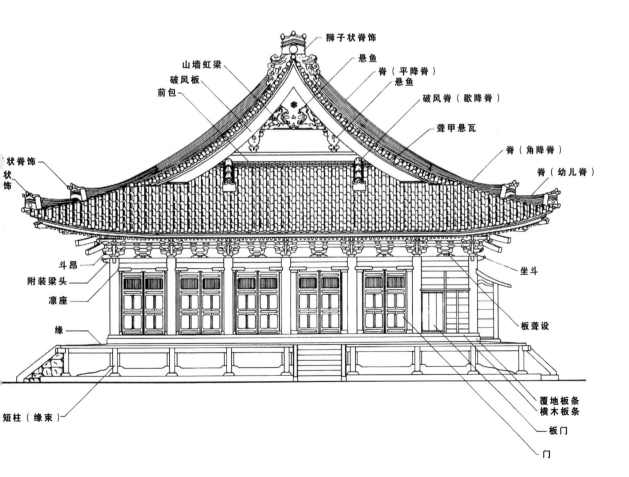

狮子状脊饰

山墙虹梁
破风板
前包

悬鱼
脊（平降脊）
悬鱼
破风脊（歇降脊）

耸甲悬瓦

脊（角降脊）

脊（幼儿脊）

状脊饰
状
饰

斗昂
附装梁头
凛座

坐斗

板耸设

缘

短柱（缘束）

覆地板条
横木板条

板门

门

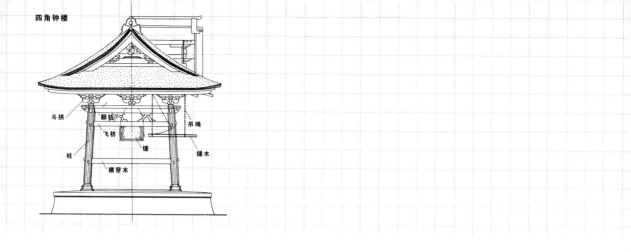
四角钟楼

斗拱
额枋
飞枋
柱
锤
横穿木
吊绳
锤木

神社与寺庙 / 门，钟楼

东山慈照寺银阁 观音殿

四角钟楼

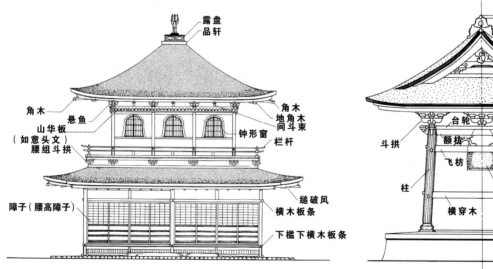

露盘
品轩
角木
悬鱼
山华板
（如意头文）
腰组斗拱
障子（腰高障子）
角木
地角木
间斗束
钟形窗
栏杆
缒破风
横木板条
下槛下横木板条

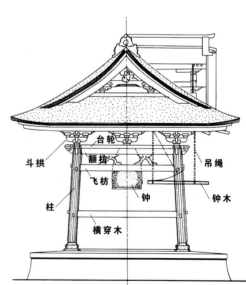

斗拱
台轮
额枋
飞枋
柱
钟
横穿木
吊绳
钟木

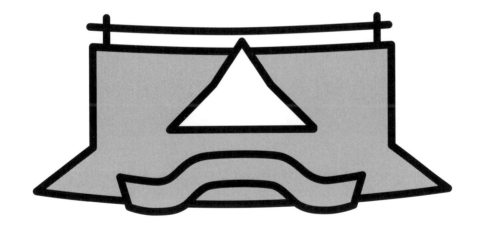

神社与寺庙 / 屋顶，瓦

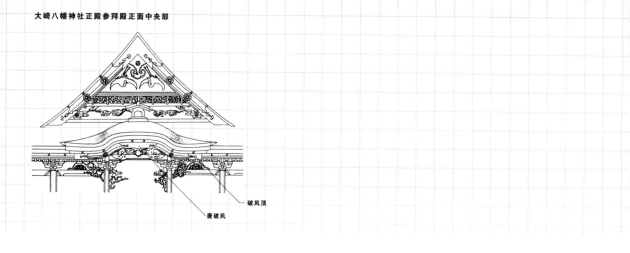

破风顶

唐破风

歇山式前后折线屋顶
玉虫厨子式屋顶
奈良时代前期

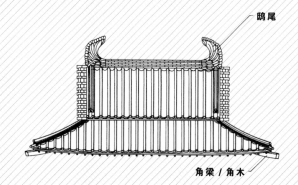

鸱尾

角梁 / 角木

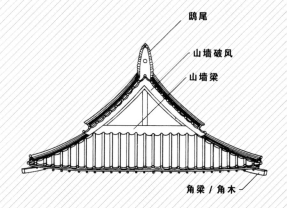

鸱尾

山墙破风

山墙梁

角梁 / 角木

起翘破风 / 千鸟破风
锦织神社主殿屋顶
室町时代

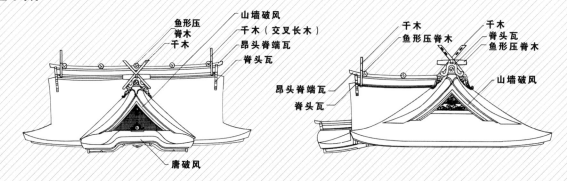

鱼形压
脊木
干木

山墙破风
干木（交叉长木）
昂头脊端瓦
脊头瓦

唐破风

干木
鱼形压脊木

昂头脊端瓦

脊头瓦

干木
脊头瓦
鱼形压脊木

山墙破风

轩唐破风
大崎八幡神社正殿参拜殿正面中央部
桃山时代

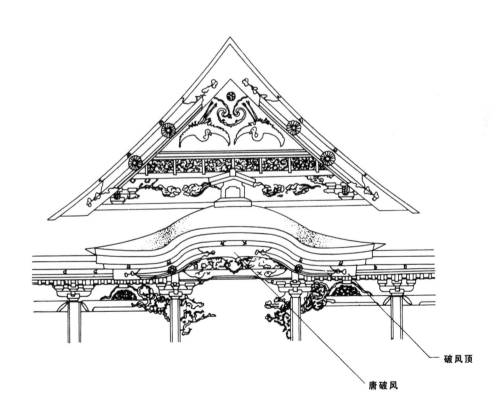

破风顶

唐破风

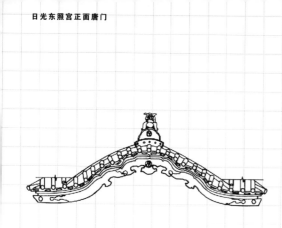

神社与寺庙 / 屋顶，瓦

唐破风
法隆寺圣灵院佛龛
镰仓时代

法隆寺北室院正门
室町时代

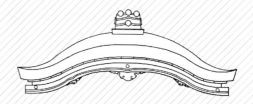

峰定寺正堂供水处
镰仓时代

西本愿寺飞云阁船入间
江户时代

日光东照宫正面唐门
江户时代
侧立面图

正立面图

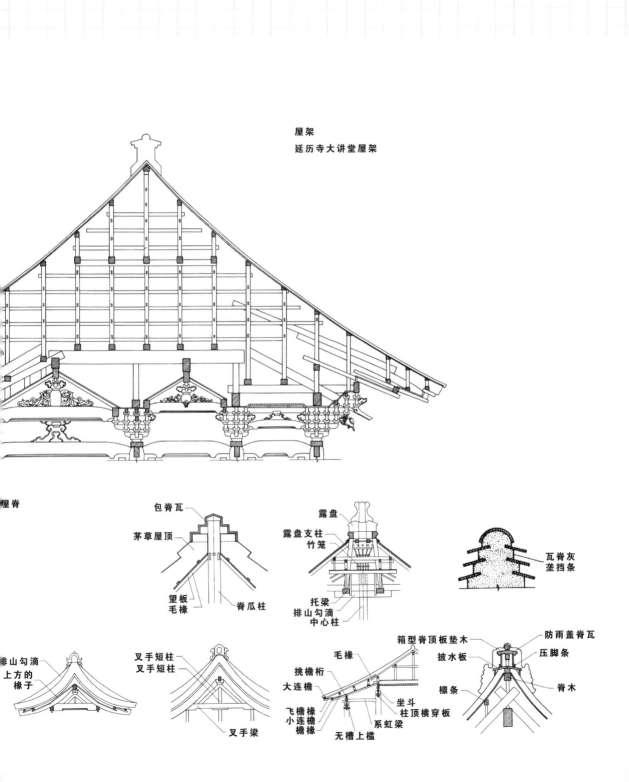

屋架
延历寺大讲堂屋架

屋脊

包脊瓦

茅草屋顶

望板
毛椽
脊瓜柱

露盘
露盘支柱
竹笼

瓦脊灰
垄挡条

托梁
排山勾滴
中心柱

排山勾滴
上方的
椽子

叉手短柱
叉手短柱

箱型脊顶板垫木

防雨盖脊瓦
压脚条

毛椽

披水板

挑檐桁
大连檐

坐斗
柱顶横穿板

脊木

飞檐椽
小连檐
檐椽

系虹梁

檩条

无槽上槛

叉手梁

神社与寺庙 / 屋顶，瓦

山墙装饰物
二重虹梁大瓶束式
东大寺大汤屋
室町时代

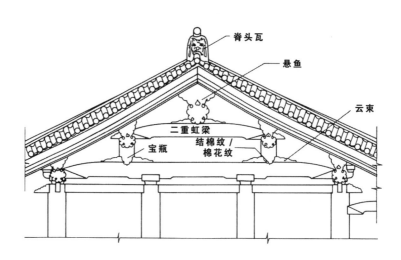

脊头瓦

悬鱼

云束

二重虹梁

结棉纹 /
棉花纹

宝瓶

拜悬鱼
兔毛通（唐破风悬鱼）

芜青纹悬鱼

三花猪目悬鱼
三花芜青纹悬鱼

三花猪目悬鱼　　三花两悬鱼

イ、ロ、八表示线型，实际
上雕三个同样的线型

降悬鱼（端悬鱼）
芜青纹悬鱼

降悬鱼（端悬鱼）
唐花降悬鱼

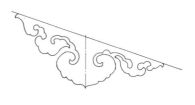

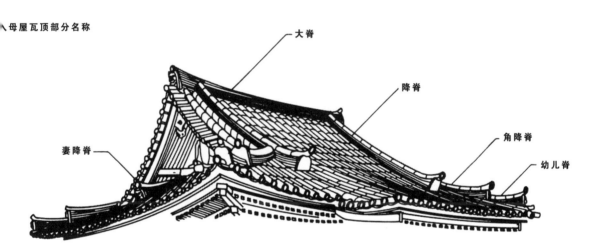

△ 母屋瓦顶部分名称

大脊

降脊

角降脊

幼儿脊

妻降脊

△ 檐口圆瓦花纹样例

单片莲花纹

复（多）片莲花纹

新巴纹

菊花纹

古式巴纹

神社与寺庙／屋顶，瓦

鬼面脊头瓦

龙头鱼饰 　　　　　　　　　鸱尾

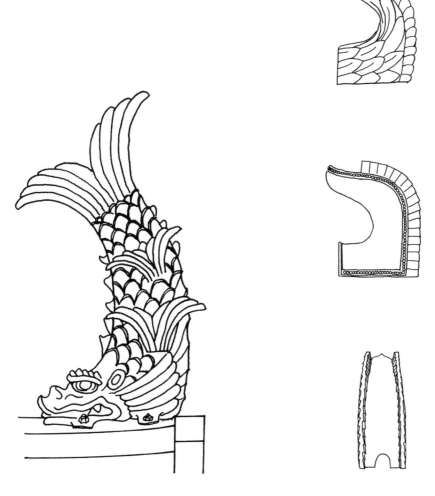

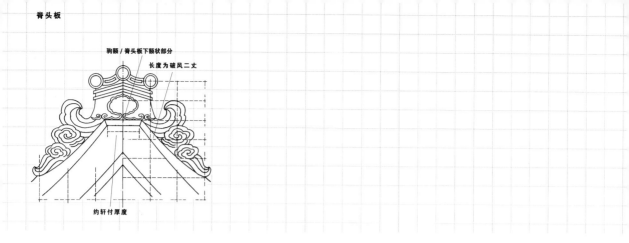

驹额 / 脊头板下额状部分

长度为破风二丈

约轩付厚度

神社与寺庙 / 屋顶，瓦

脊头板

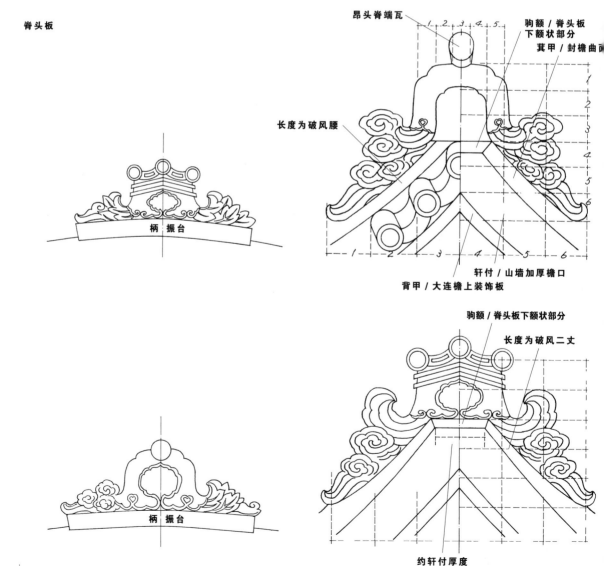

昂头脊端瓦

驹额 / 脊头板下额状部分

萁甲 / 封檐曲面

长度为破风腰

轩付 / 山墙加厚檐口

背甲 / 大连檐上装饰板

柄振台

柄振台

驹额 / 脊头板下额状部分

长度为破风二丈

约轩付厚度

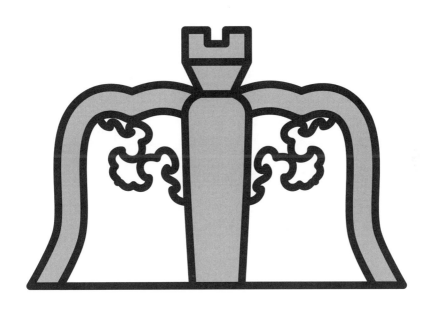

神社与寺庙 / 斗拱，斗，虹梁，角背，
人字柱，驼峰，附装梁头

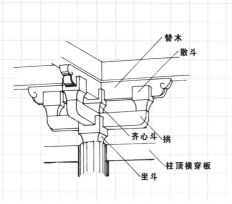

替木
散斗
齐心斗　拱
柱顶横穿板
坐斗

神社与寺庙 / 斗拱，斗，虹梁，角背，人字柱，驼峰，附装梁头

斗拱
一斗二升 / 双斗

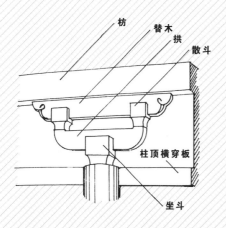

枋
替木
拱
散斗
柱顶横穿板
坐斗

平三斗 / 一斗三升

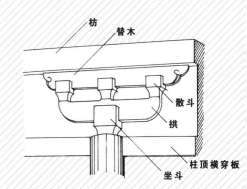

枋
替木
散斗
拱
柱顶横穿板
坐斗

出三斗 / 一斗三升带出踩

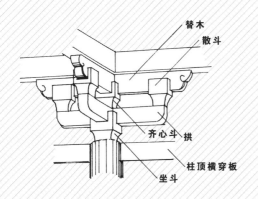

替木
散斗
齐心斗　拱
柱顶横穿板
坐斗

平连三斗

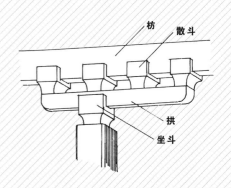

枋
散斗
拱
坐斗

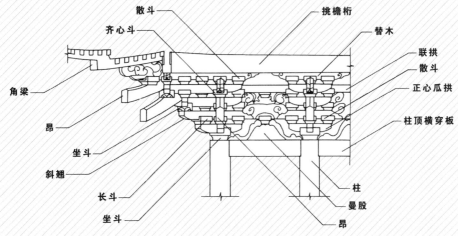

散斗　　挑檐桁
齐心斗　　替木
角梁　　联拱
昂　　散斗
坐斗　　正心瓜拱
斜翘　　柱顶横穿板
长斗
坐斗　　柱
　　曼股
　　昂

　　　　二踩斗拱

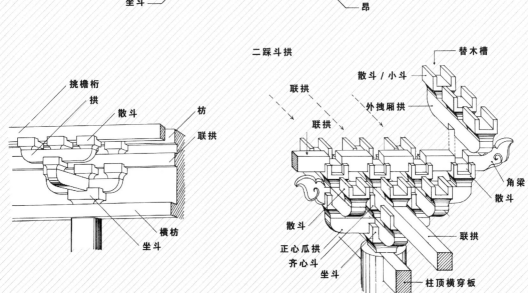

挑檐桁
拱
散斗　　枋
　　联拱
横枋
坐斗

替木槽
散斗/小斗
联拱　　外拽厢拱
联拱
　　角梁
　　散斗
散斗
正心瓜拱　　联拱
齐心斗
坐斗　　柱顶横穿板

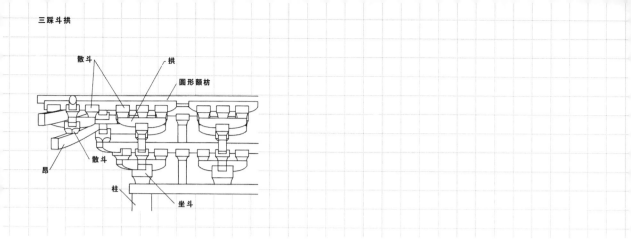

神社与寺庙／斗拱，斗，虹梁，角背，人字柱，驼峰，附装梁头

斗拱
三踩斗拱

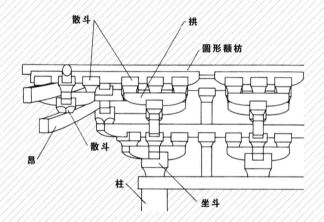

四踩斗拱

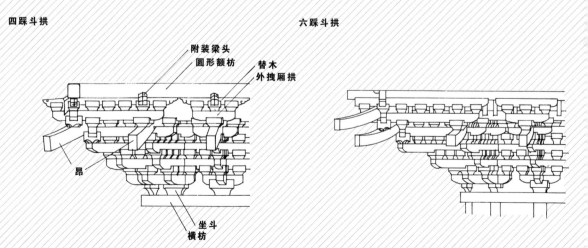

六踩斗拱

各种虹梁

清水寺西门
江户时代

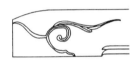

东本愿寺正堂
明治时代

元觉寺舍利殿
镰仓时代

雏形本登
江户时代

大崎八幡神社参拜殿
桃山时代

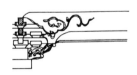

定光寺正堂
室町时代

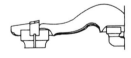

室生寺灌顶堂
镰仓时代

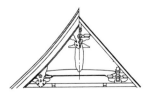

最胜院五重塔
江户时代

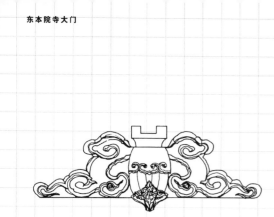

神社与寺庙 / 斗拱，斗，虹梁，角背，人字柱，驼峰，附装梁头

角背
东本院寺大门
明治时代

西本愿寺飞云阁
江户时代

法隆寺南大门
室町时代

日光大兽院夜叉门
江户时代

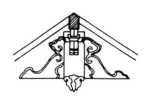

法界寺阿弥陀堂拜佛处墙面
平安时代

兴福寺北元堂拜佛处墙面
镰仓时代

法隆寺地藏堂
镰仓时代

太瓶束

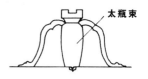

人字柱
法隆寺金殿人字柱
奈良时代

驼峰
法隆寺东大门驼峰
奈良时代

唐招提寺讲堂驼峰
奈良时代

唐招提寺金殿
拜佛处驼峰
奈良时代

东大寺转害门驼峰
奈良时代

法隆寺传法堂驼峰
奈良时代

东大寺三月堂北门
镰仓时代

元兴寺极乐坊正堂
镰仓时代

法隆寺西院钟楼
平安时代

平等院凤凰堂侧廊
平安时代

唐招提寺鼓楼
镰仓时代

八坂神社西楼门
室町时代

神社与寺庙 / 斗拱，斗，虹梁，角背，人字柱，驼峰，附装梁头

驼峰

法隆寺北室院唐门
室町时代

鹤林寺正堂
室町时代

西本愿寺飞云阁
江户时代

雏形本登载
江户时代

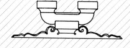

透雕驼峰

宇治上神社正殿（南殿）
平安时代

醍醐寺药师堂
平安时代

一乘寺三重塔
平安时代

中尊寺金色堂
平安时代

严岛神社摄社客袯殿
镰仓时代

西明寺正堂
镰仓时代

明通寺正堂
镰仓时代

海住山寺文殊堂
镰仓时代

透雕驼峰
三宝院居室
桃山时代

观心寺牛湾堂

清水寺西门
江户时代

苗村神社八幡社
室町时代

锦织神社正殿
室町时代

石清水八幡宫回廊
江户时代

四天王寺金堂

近江国小八木春日神社

长门国住吉神社正殿

神社与寺庙 / 斗拱，斗，虹梁，角背，人字柱，驼峰，附装梁头

各种附装梁头
狮状梁头

獏鼻

神社与寺庙 / 斗拱，斗，虹梁，角背，人字柱，驼峰，附装梁头

附装梁头
大德寺唐门

观心寺正堂

不动院金堂

东大寺钟楼

醍醐寺藏经

东大寺钟楼

大德寺唐门

东大寺法华堂

法隆寺北寺院

长寿寺正堂

守富村地藏堂

守富村地藏堂

明通寺正堂

横穿附装梁柱

法隆寺食堂

神社与寺庙 / 出入口，柱础，厚木板门，镶板门，装饰五金，花隔板，窗，格狭间，露盘珠宝，拟宝珠，栏杆

神社与寺庙 / 出入口，柱础，厚木板门，镶板门，装饰五金，花隔板，窗，格狭间，露盘珠宝，拟宝珠，栏杆

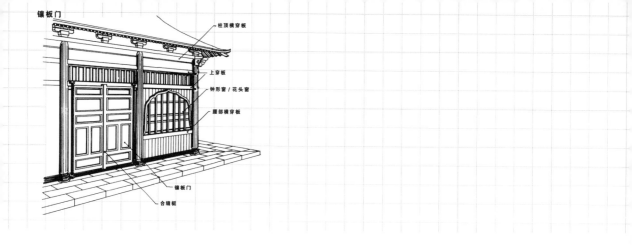

镶板门

柱顶横穿板

上穿板

钟形窗 / 花头窗

腰部横穿板

镶板门

合缝梃

神社与寺庙 / 出入口，柱础，厚木板门，镶板门，装饰五金，花隔板，窗，格狭间，露盘珠宝，拟宝珠，栏杆

出入口
镶板门

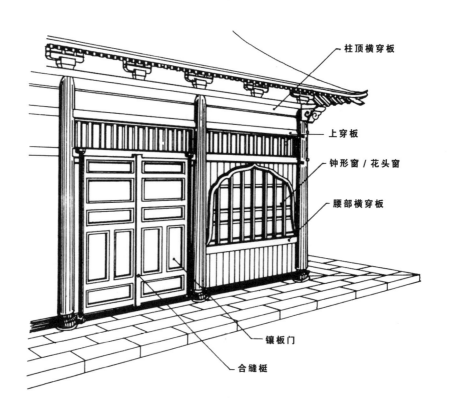

柱顶横穿板

上穿板

钟形窗 / 花头窗

腰部横穿板

镶板门

合缝梃

柱础
崇福院正堂
镰仓时代

东本愿寺大门
明治时代

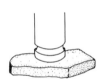

江户时代末期根据比例法制成的圆形柱础

江户时代末期使用比例法制成的方形柱础

正福寺地藏堂
室町时代

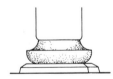

多用于黄檗建筑的柱础

多用于黄檗建筑的柱础

东福寺三门
室町时代

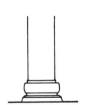

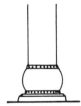

柱子根部的莲花装饰
单片莲花
金刚寺多宝塔
平安时代后期

复片莲花
中尊寺金色堂
平安时代后期

复片莲花
金刚寺金堂
镰仓时代

大德寺唐门

神社与寺庙／出入口，柱础，厚木板门，镶板门，装饰五金，花隔板，窗，格狭间，露盘珠宝，拟宝珠，栏杆

厚木板门
日光东照宫鼓楼

多折木板门

平等院凤凰堂中堂

唐招提寺金堂

镶板门
永保寺开山堂

东大寺开山堂供神处

大德寺唐门

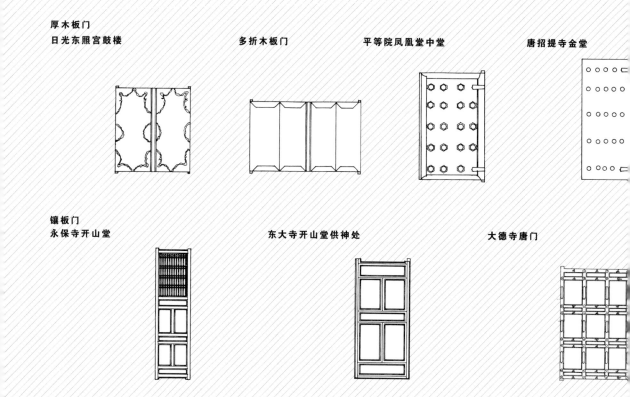

知恩院阿弥陀堂

日光东照宫奥院参拜殿

装饰五金
内部分散首段两股分开纹样
西本愿寺飞云阁中层西侧门

四角五金
地主神社正殿供神处门

首段两股分开长方形纹样五金

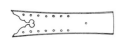

横木六叶纹样

破风板下端金属装饰

四叶五金
大德寺唐门

帖木五金展开图
地主神社正殿拜佛处门

六叶

六叶
束座
桶嘴
圆座

梧桐花纹样五金

八双五金
大德寺唐门

法隆寺金堂椽头

神社与寺庙 / 出入口，柱础，厚木板门，镶板门，装饰五金，花隔板，窗，格狭间，露盘珠宝，拟宝珠，栏杆

花隔板

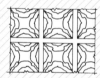

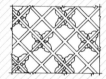

窗
与力窗

粗框竖棂横窗

菱格栅窗

枝条编格窗

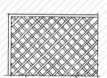

钟形窗 / 花头窗

格栅窗

直棂窗

冰裂纹窗

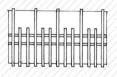

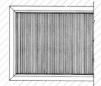

各狭间

室生寺塔露盘

神宫寺正堂礼盘

室生寺灌顶堂

佛通寺开山堂唐门

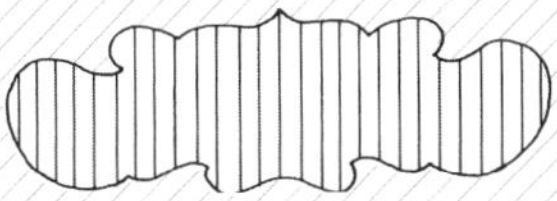

高野山金刚三昧院塔内

鹤林寺须弥坛

石山寺御影堂

明王院本堂

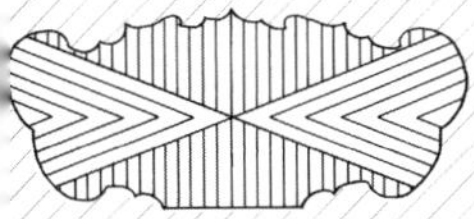

净琉璃寺礼盘

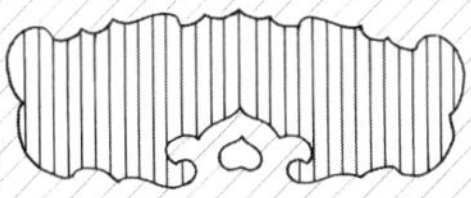

唐招提寺礼堂

神护寺纳凉房

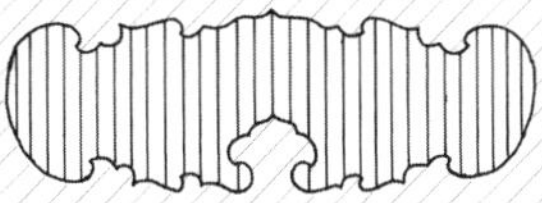

神社与寺庙 / 出入口，柱础，厚木板门，镶板门，装饰五金，花隔板，窗，格狭间，露盘珠宝，拟宝珠，栏杆

露盘珠宝

雏形本登载
江户时代

东福寺爱染堂
室町时代

法隆寺梦店
奈良时代后期

日光东照宫轮藏
江户时代

广隆寺桂宫院
推测于镰仓时代复原

兴福寺北元堂
镰仓时代

雏形本登载
江户时代

拟宝珠
宇治上神社正殿内部
平安时代后期

药师寺东院堂
镰仓时代

拟宝珠
江户时代

净妙寺正堂
镰仓时代

日光东照宫本地堂
已烧毁 江户时代

兴福寺东金堂
室町时代

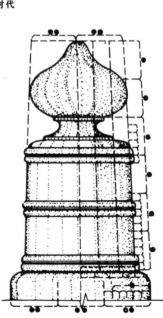

法界寺阿弥陀堂
平安时代后期

拟宝珠
明治时代

根来寺多宝塔
室町时代

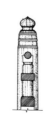

神社与寺庙 / 出入口，柱础，厚木板门，镶板门，装饰五金，花隔板，窗，格狭间，露盘珠宝，拟宝珠，栏杆

栏杆
石山寺多宝塔内部
镰仓时代

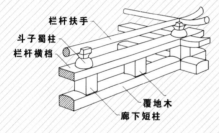

栏杆扶手
斗子蜀柱
栏杆横档

覆地木
廊下短柱

药师寺东塔二层
奈良时代前期

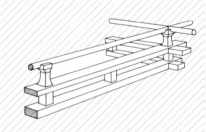

法隆寺正堂上层
奈良时代前期

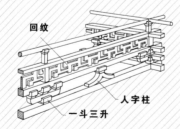

回纹

人字柱

一斗三升

江户时代采用比例法制成的组合栏杆

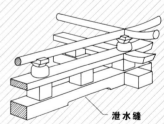

泄水缝

海龙王寺五重小塔第五层
奈良时代前期

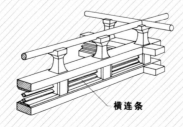

横连条

神明造使用的栏杆
正立面图
明治时代

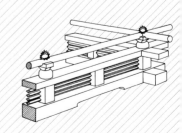

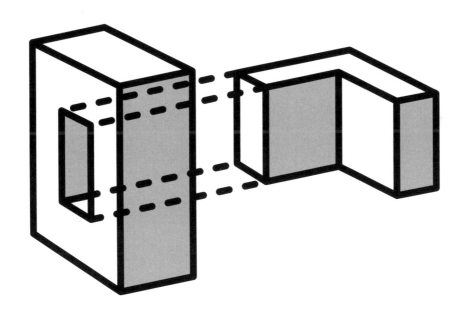

各种榫，各种棚顶

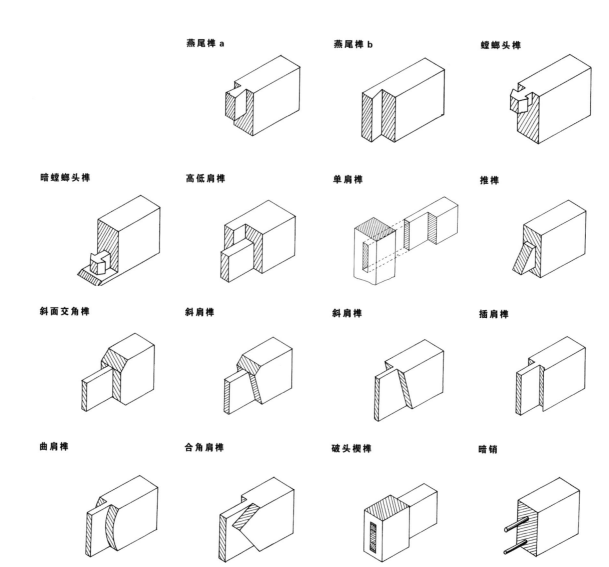

各种榫，各种棚顶

各种榫

燕尾榫 a 燕尾榫 b 螳螂头榫

暗螳螂头榫 高低肩榫 单肩榫 推榫

斜面交角榫 斜肩榫 斜肩榫 插肩榫

曲肩榫 合角肩榫 破头楔榫 暗销

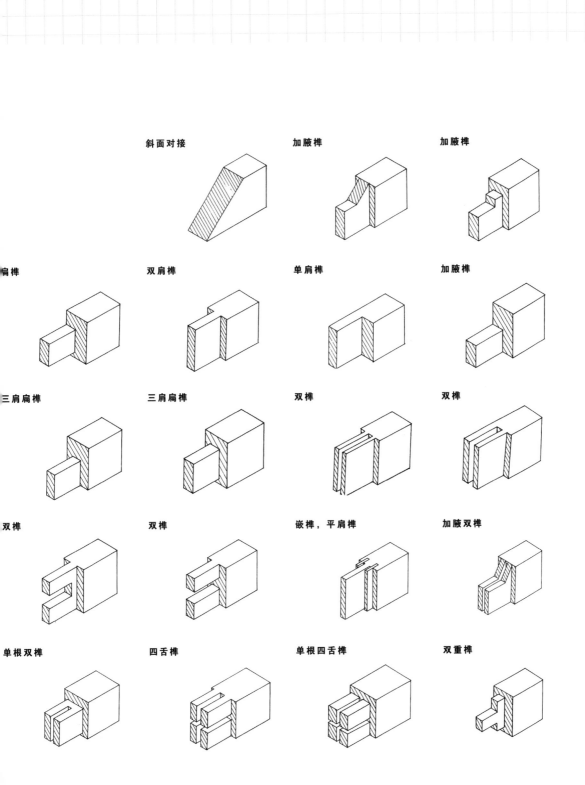

斜面对接　　　**加腋榫**　　　**加腋榫**

扁榫　　　**双肩榫**　　　**单肩榫**　　　**加腋榫**

三肩扁榫　　　**三肩扁榫**　　　**双榫**　　　**双榫**

双榫　　　**双榫**　　　**嵌榫，平肩榫**　　　**加腋双榫**

单根双榫　　　**四舌榫**　　　**单根四舌榫**　　　**双重榫**

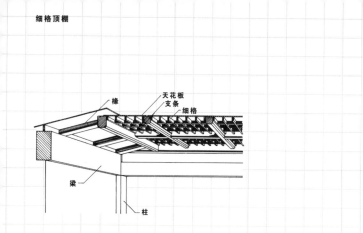

各种榫,各种棚顶

各种顶棚

肋形条顶棚

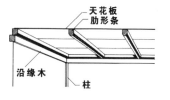

格子顶棚

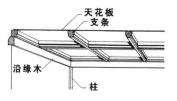

镜顶棚

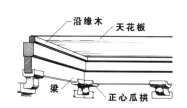

格子顶棚

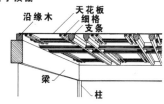

上弯直条格子顶棚

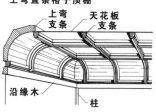

船底形顶棚

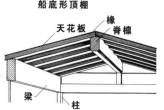

细格嵌板顶棚

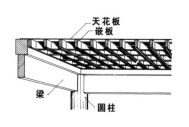

细格顶棚

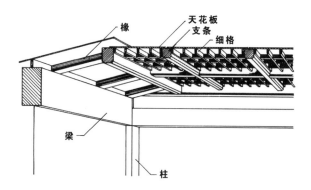

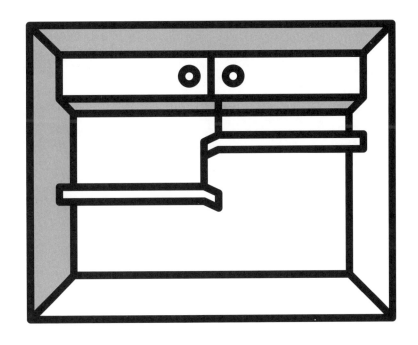

壁龛 / 凹间，凹间搁板

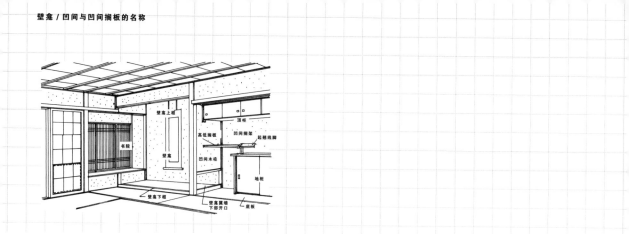

壁龛 / 凹间，凹间搁板

壁龛 / 凹间与凹间搁板的名称

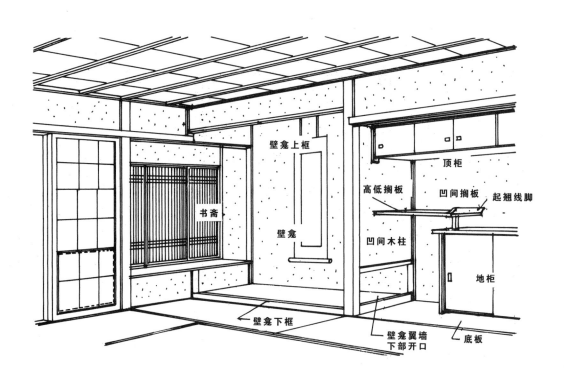

书斋

壁龛上框

顶柜

高低搁板

凹间搁板

起翘线脚

凹间木柱

壁龛

地柜

← 壁龛下框

壁龛翼墙
下部开口

底板

壁龛的胜手
本胜手：客座在点茶座右边　　　　　　　　　　逆胜手：客座在点茶座左边

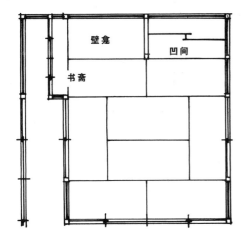
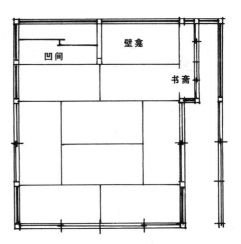

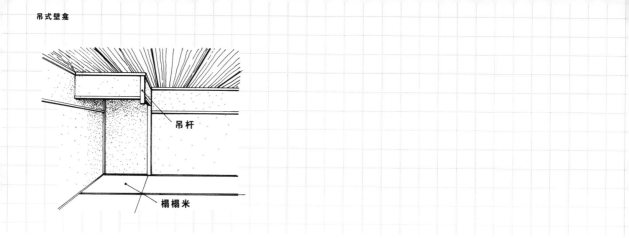

吊杆

榻榻米

壁龛 / 凹间，凹间搁板

壁龛的样式
传统壁龛

凹间上框

凹间木柱

榻榻米或镶边榻榻米，
有时使用木板
框

简单壁龛

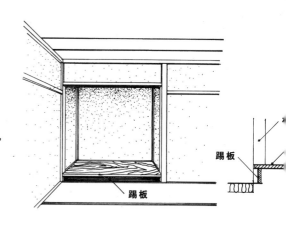

踢板

踢板

踏入壁龛

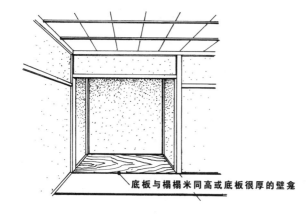

底板与榻榻米同高或底板很厚的壁龛

带洞壁龛

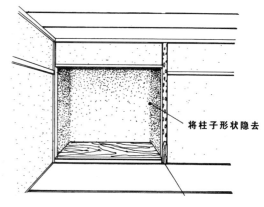

将柱子形状隐去

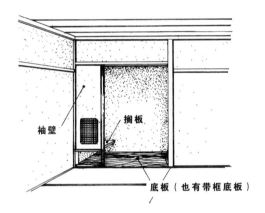

龛型壁龛

袖壁

搁板

底板（也有带框底板）

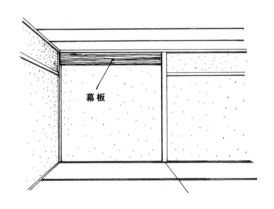

带挂画壁龛

幕板

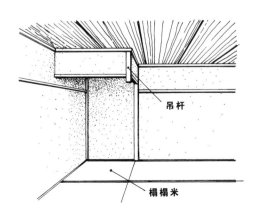

吊式壁龛

吊杆

榻榻米

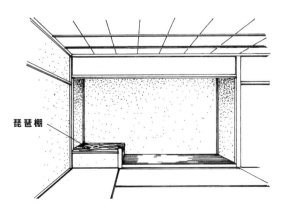

琵琶壁龛

琵琶棚

凹间搁板的名称

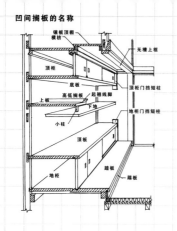

镶板顶棚
横枋
无槽上框
顶柜
底板
上板　高低搁板　起翘线脚
下地
小柱
顶板
地柜门挡短柱
顶柜门挡短柱
地柜
踏板
踢板

壁龛 / 凹间，凹间搁板

凹间搁板的名称

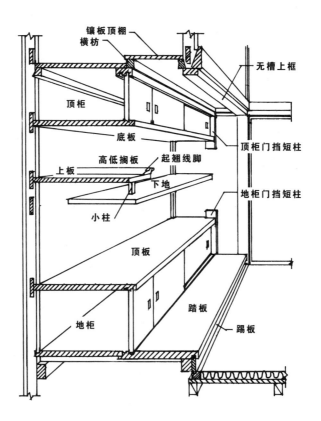

镶板顶棚
横枋
无槽上框
顶柜
底板
顶柜门挡短柱
高低搁板　起翘线脚
上板
下地
地柜门挡短柱
小柱
顶板
地柜
踏板
踢板

间搁板的样式

下板通长搁板

上板通长搁板

双层高低搁板

具有顶柜的壁橱

多层交错式搁板

通长低搁板

无搁板壁橱

大花式搁板

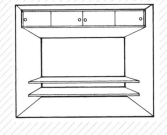

桌型搁板

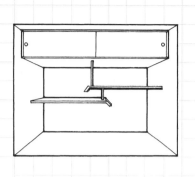

壁龛 / 凹间，凹间搁板

碗橱式搁板

分隔式搁板

满月型搁板

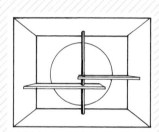

铜壶式搁板

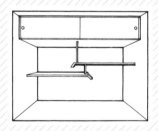

柳叶型搁板

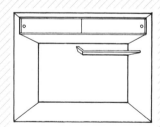

日出式壁棚

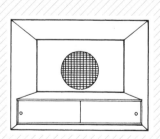

笼守式搁板

错立式搁板

一字型搁板

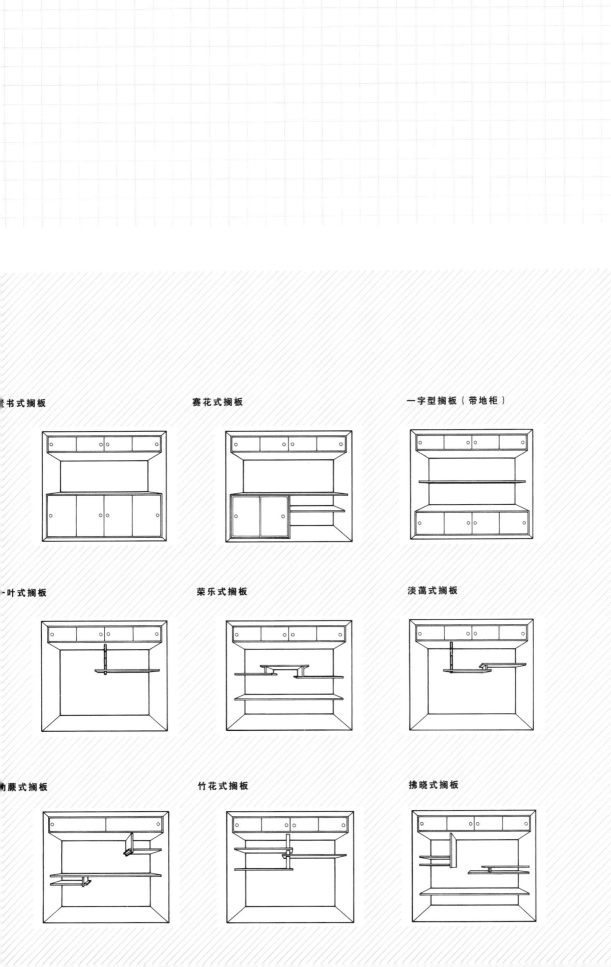

叠书式搁板

赛花式搁板

一字型搁板（带地柜）

叶式搁板

荣乐式搁板

淡蔼式搁板

蕨式搁板

竹花式搁板

拂晓式搁板

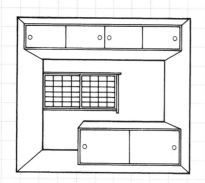

壁龛 / 凹间，凹间搁板

裱褙式搁板

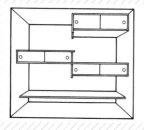

鹤式搁板

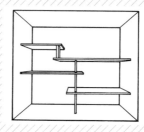

霞式搁板

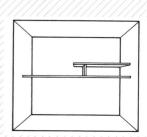

大和式搁板

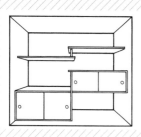

二见式搁板

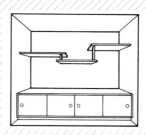

莲花式搁板

琉璃搁板

庐叶式搁板

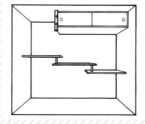

蝶游式搁板

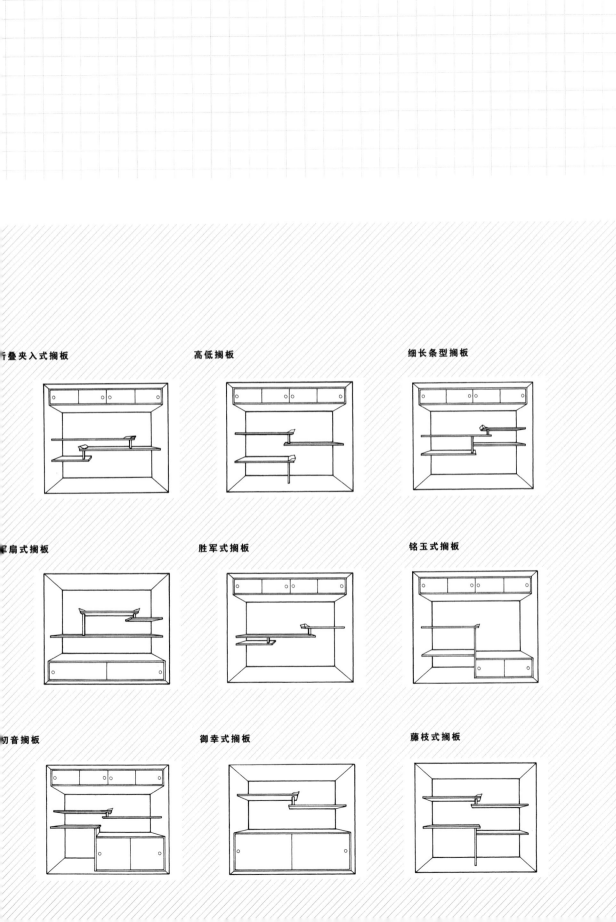

折叠夹入式搁板　　　　　　高低搁板　　　　　　　　细长条型搁板

军扇式搁板　　　　　　　　胜军式搁板　　　　　　　铭玉式搁板

切音搁板　　　　　　　　　御幸式搁板　　　　　　　藤枝式搁板

壁龛 / 凹间，凹间搁板

少许搁板

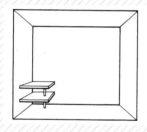

吊顶式搁板

吊顶式搁板

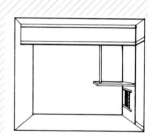

间隔式搁板

错落间隔式搁板

错落间隔式搁板

一层式搁板

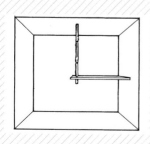

相对式搁板

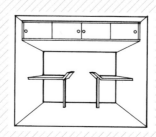

偏居一隅式搁板

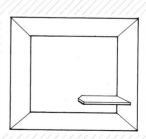

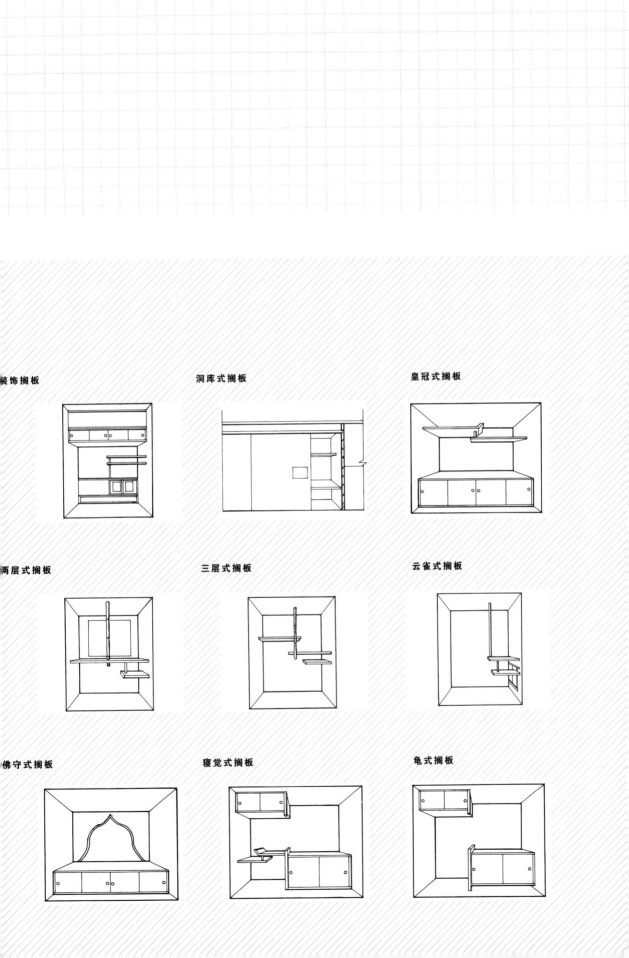

装饰搁板

洞库式搁板

皇冠式搁板

两层式搁板

三层式搁板

云雀式搁板

佛守式搁板

寝觉式搁板

龟式搁板

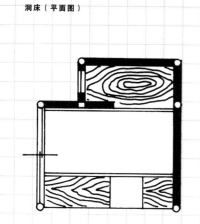

壁龛／凹间，凹间搁板

钉箱式搁板

猪目式搁板

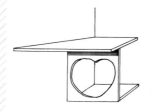

吉野式搁板

晚雾式搁板

洞床

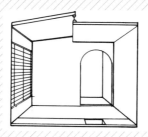

洞床（平面图）

方格结构式搁板

和歌式搁板

柳式搁板

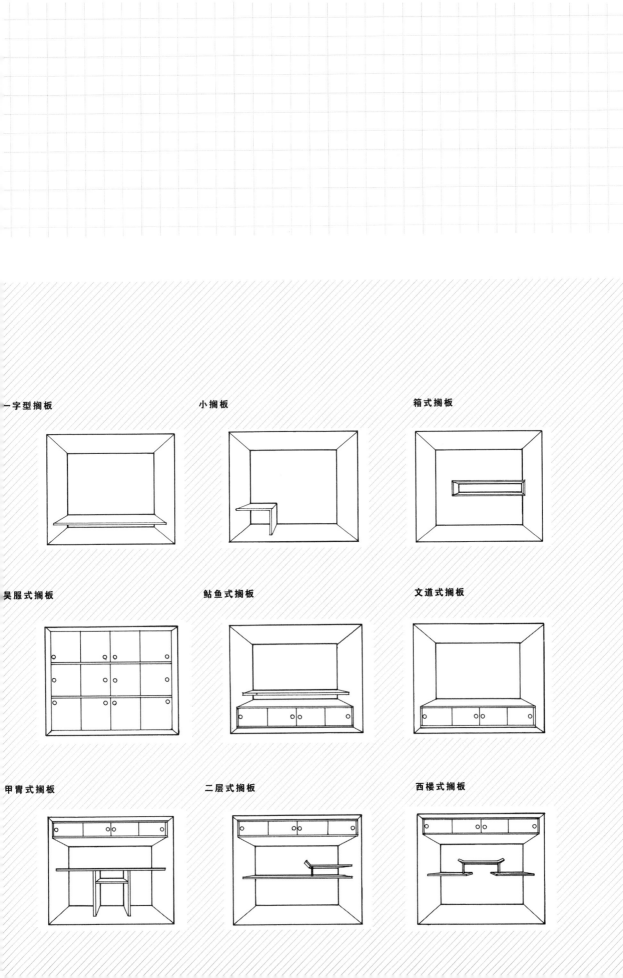

一字型搁板

小搁板

箱式搁板

吴服式搁板

鲇鱼式搁板

文道式搁板

甲胄式搁板

二层式搁板

西楼式搁板

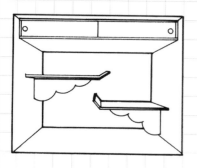

壁龛 / 凹间，凹间搁板

袋棚 / 袋架

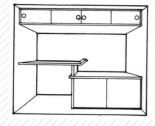

吊式搁板

棉叶式搁板

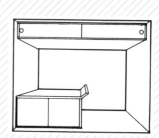

折叠式搁板

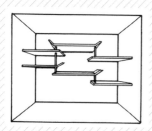

上下式搁板

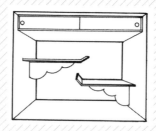

窗格式搁板

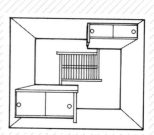

重重叠嶂式搁板

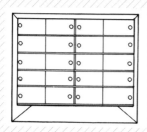

两层错落式搁板

屏风式搁板

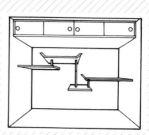

格窗

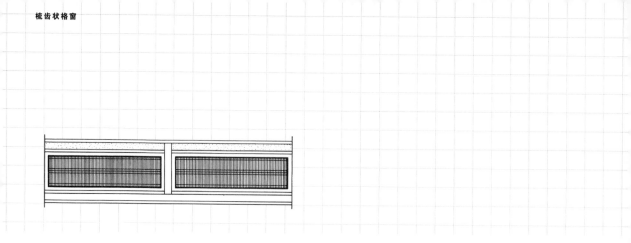

格窗

格窗的种类
梳齿状格窗

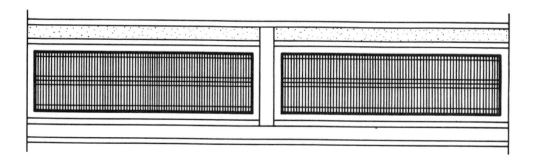

竹节格窗

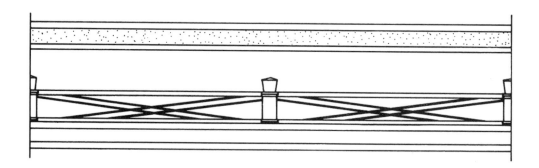

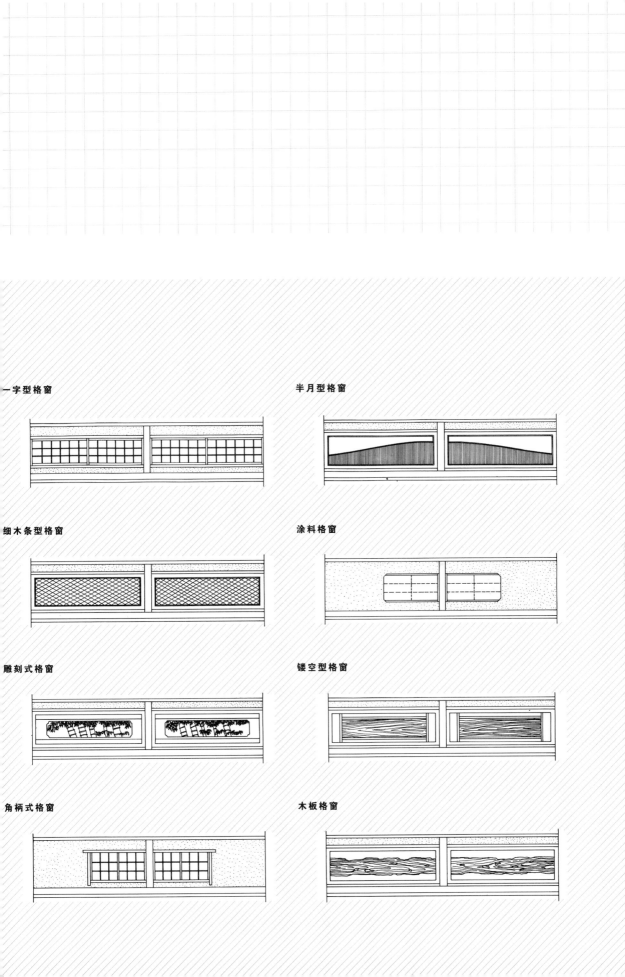

一字型格窗

半月型格窗

细木条型格窗

涂料格窗

雕刻式格窗

镂空型格窗

角柄式格窗

木板格窗

梳齿状细木条

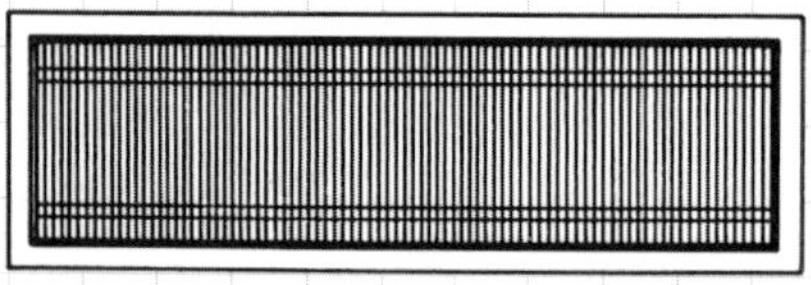

格窗

细木条的种类

梳齿状细木条

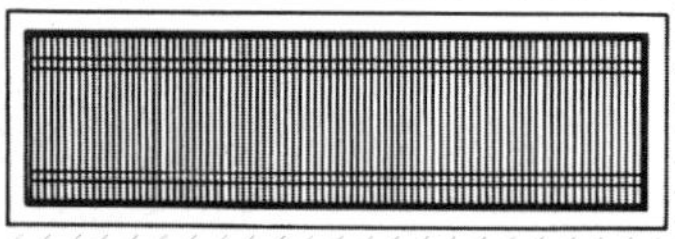

梳齿状细木条

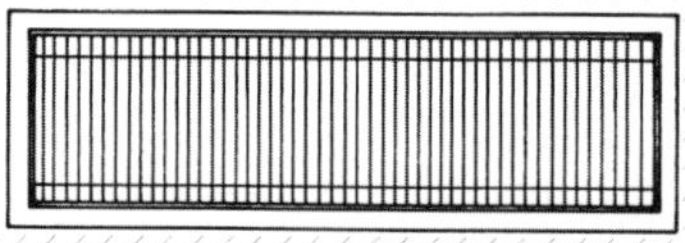

梳齿状细木条

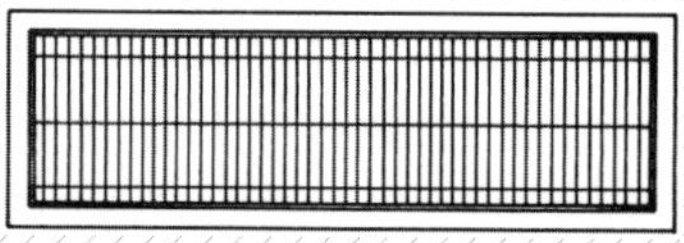

梳齿状细木条

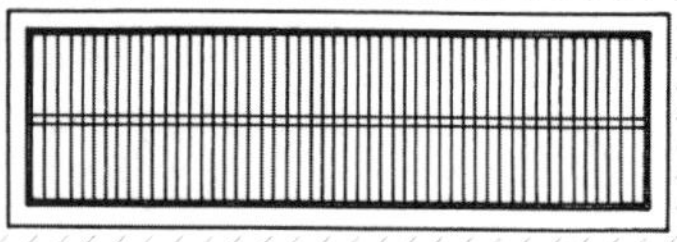

角菱纹

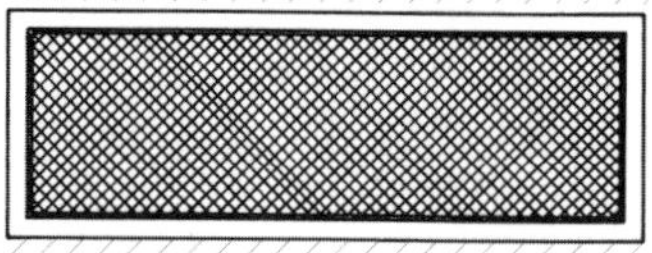

单菱纹

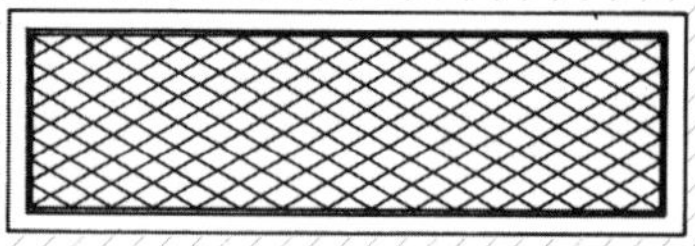

交错菱纹

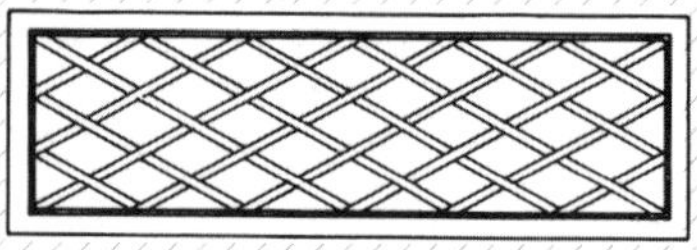

业平菱纹

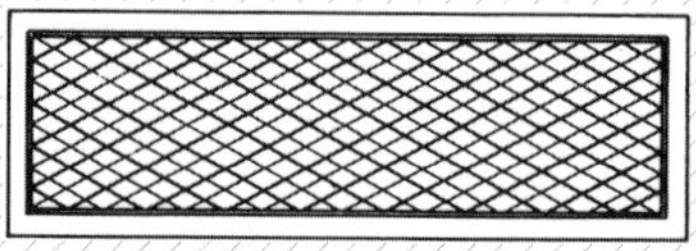

三重菱纹

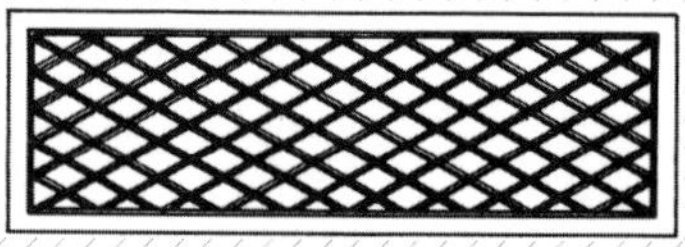

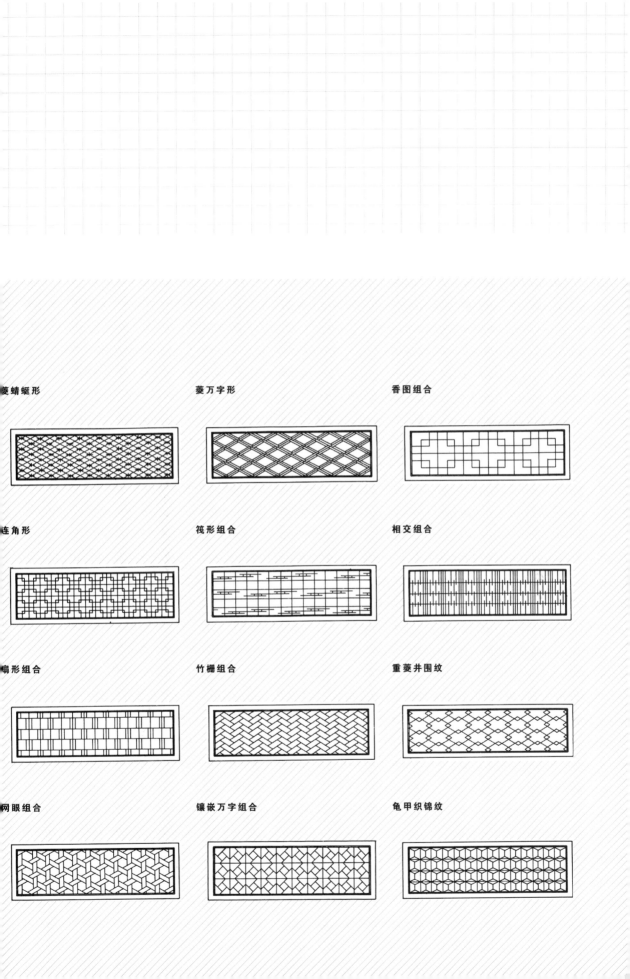

菱蜻蜓形

菱万字形

香图组合

连角形

筏形组合

相交组合

扁形组合

竹栅组合

重菱井围纹

网眼组合

镶嵌万字组合

龟甲织锦纹

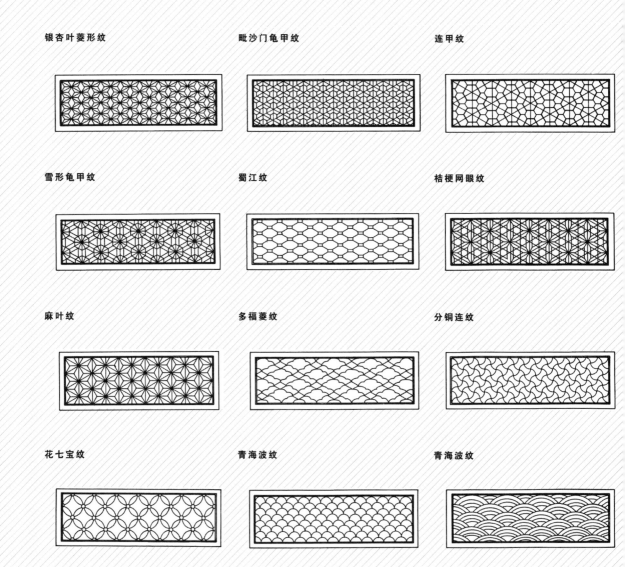

格窗

银杏叶菱形纹　　　　　　毗沙门龟甲纹　　　　　　连甲纹

雪形龟甲纹　　　　　　　蜀江纹　　　　　　　　　桔梗网眼纹

麻叶纹　　　　　　　　　多福菱纹　　　　　　　　分铜连纹

花七宝纹　　　　　　　　青海波纹　　　　　　　　青海波纹

扳格窗的种类

错结环纹

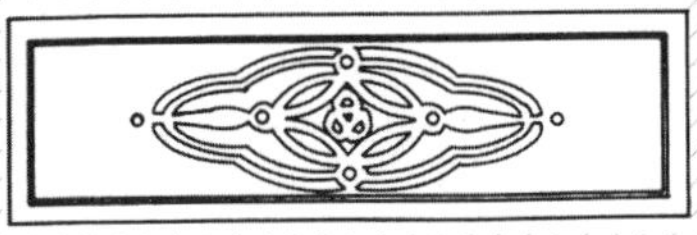

七宝结纹

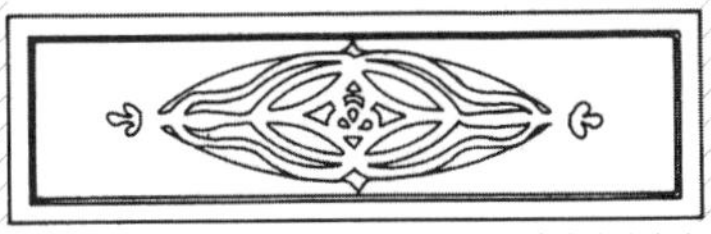

葛葫芦纹

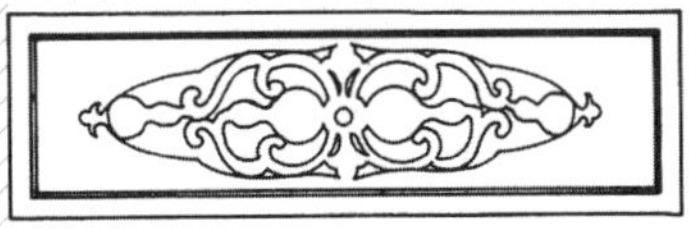

非浆草远州纹

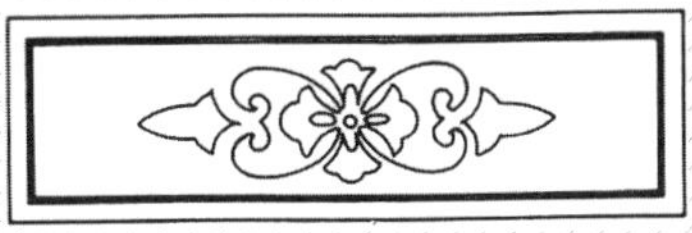

葵远州纹

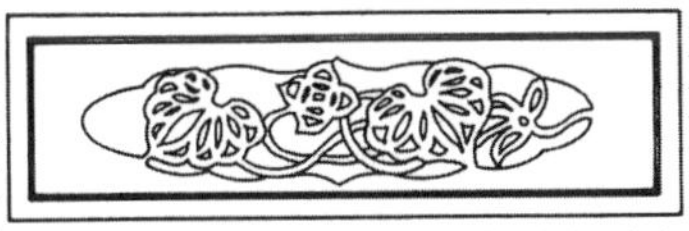

葫芦错环纹

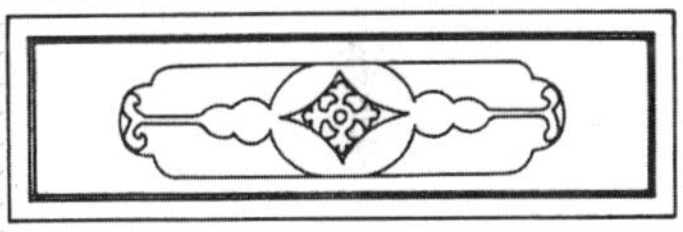

远州网形丁字纹

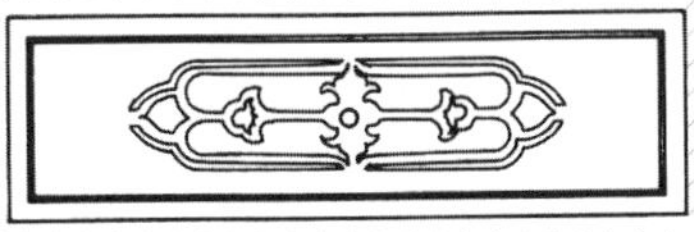

银杏远州纹

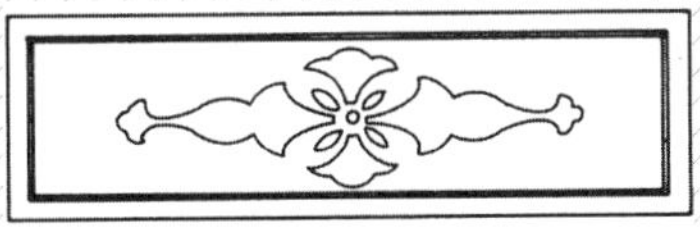

连七宝纹

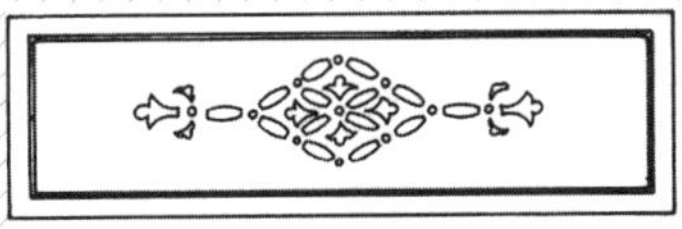

唐葫芦远州纹

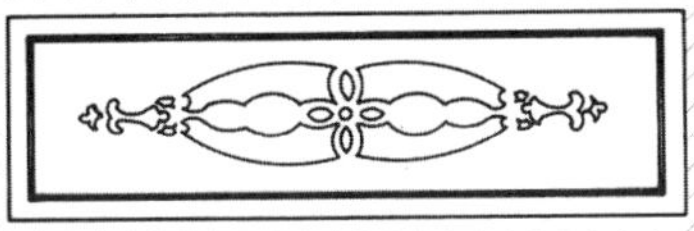

结远州纹

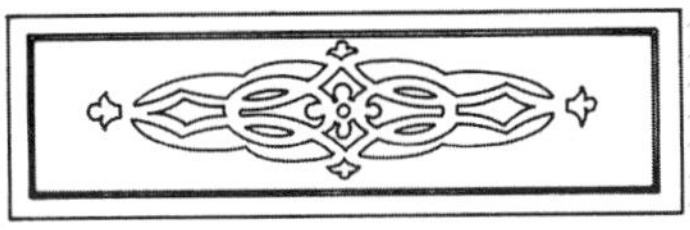

重成葫芦纹

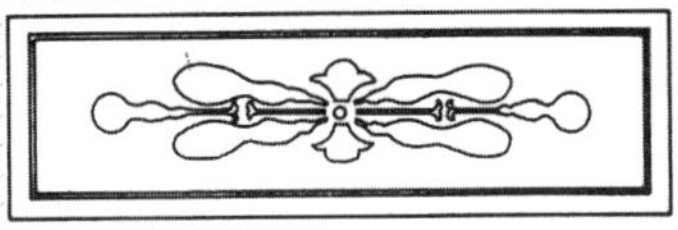

格窗

远州唐葫芦纹

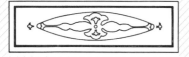

洲滨丁字纹

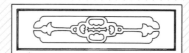

七宝新叶纹

花七宝纹

葫芦唐草纹

铁座远州纹

葫芦环远州纹

蔓唐花纹

松枝远州纹

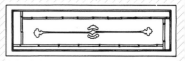

远州蔓葫芦纹

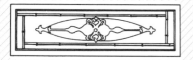

远州蔓葫芦纹

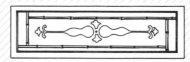

七宝丁字纹

钟形窗

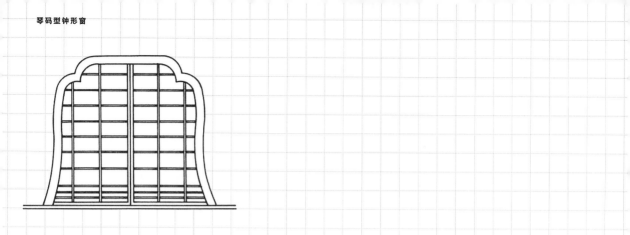

钟形窗

各种钟形窗（花头窗，源氏窗）
琴码型钟形窗

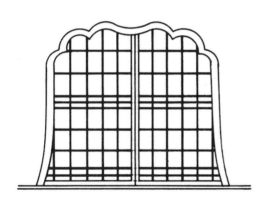

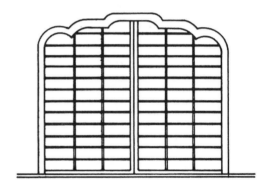

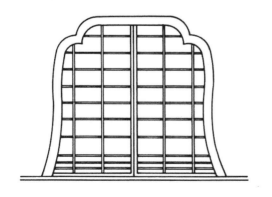

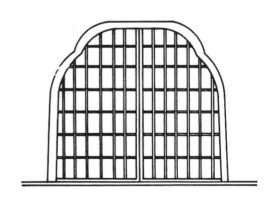

狭尖钟形窗

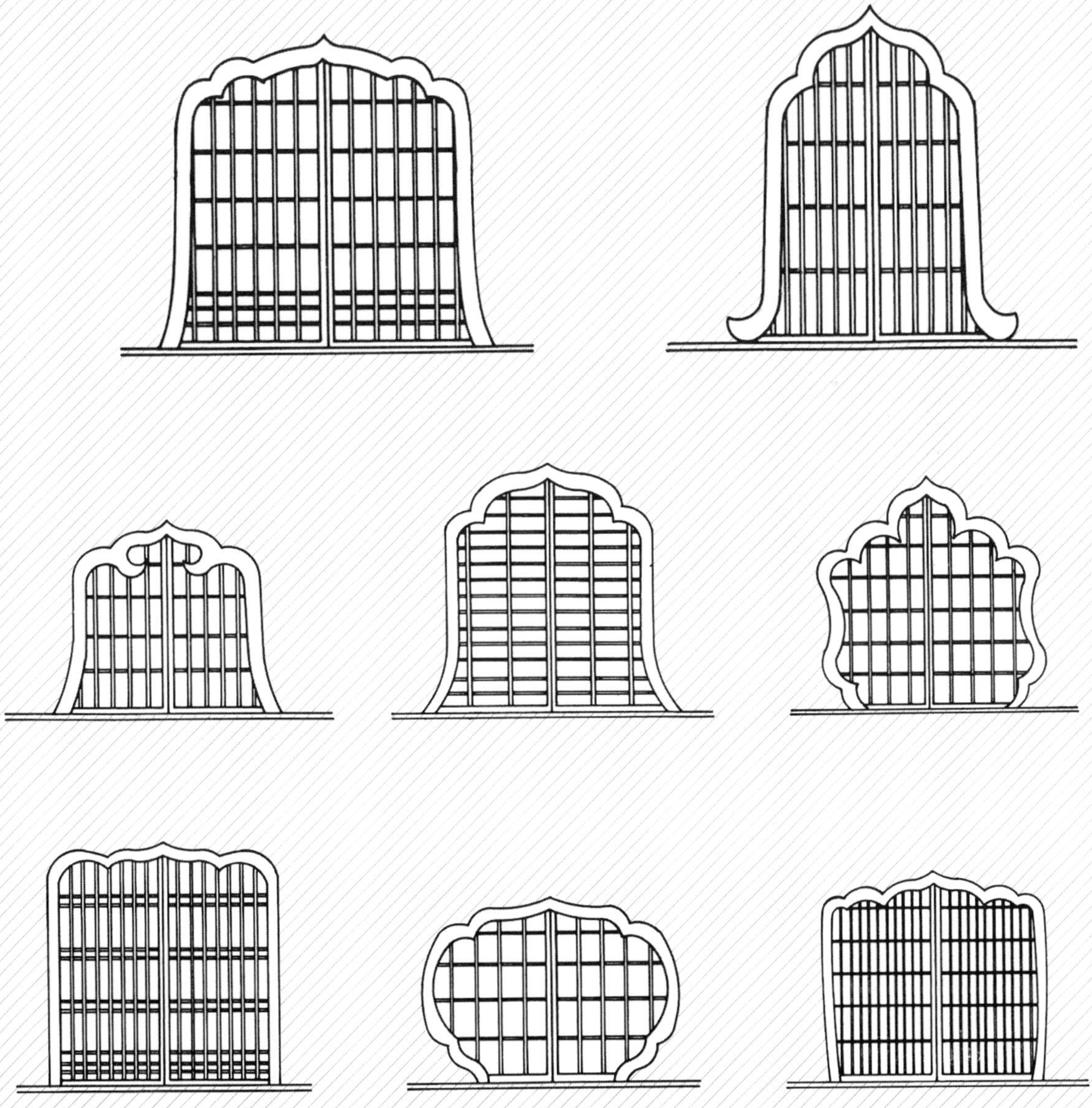

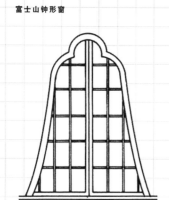

钟形窗

无框切角钟形窗

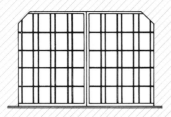

蕨型钟形窗

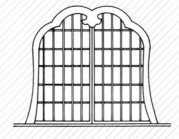

山路型钟形窗

山路型钟形窗

富士山钟形窗

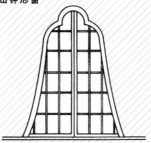

富士山钟形窗

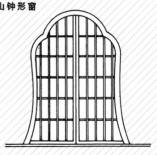

带绘板钟形窗

松川钟形窗

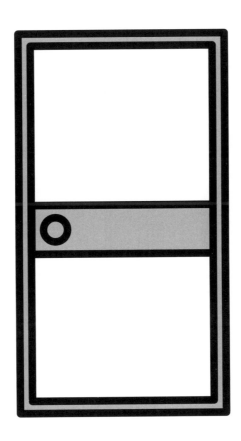

隔扇

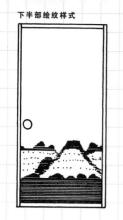

隔扇

各种隔扇花纹

下半部绘纹样式　　　　　　全纹样式　　　　　　腰带绘纹样式

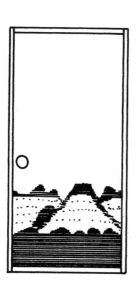
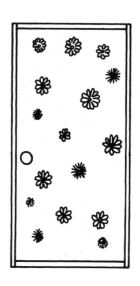

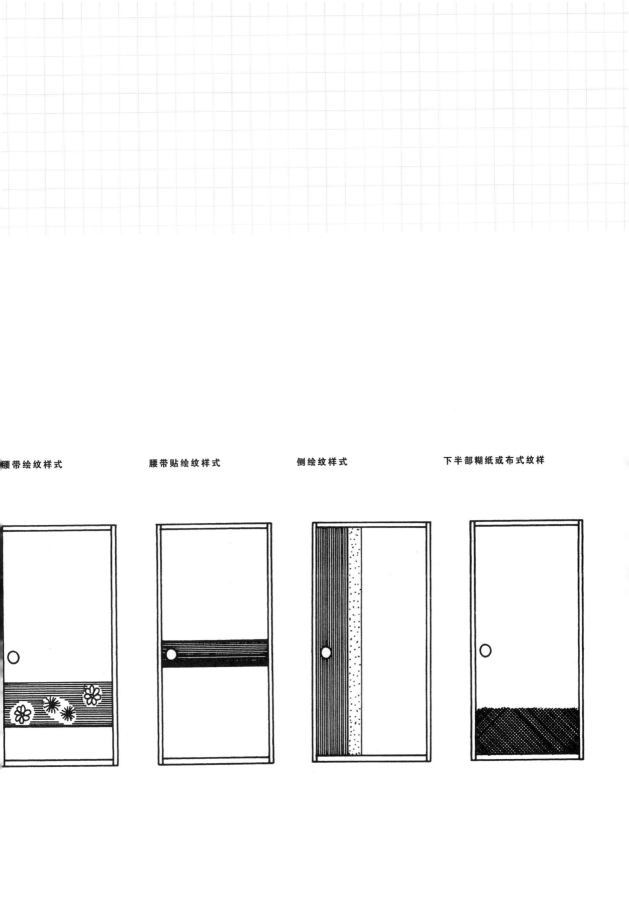

腰带绘纹样式　　　　腰带贴绘纹样式　　　　侧绘纹样式　　　　下半部糊纸或布式纹样

隔扇各部分名称

上缘或上边框

拉手

下边框

隔扇

隔扇各部分名称

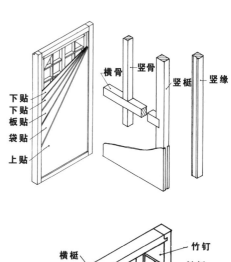

横骨　竖骨　竖梃　竖缘

下贴
下贴
板贴
袋贴
上贴

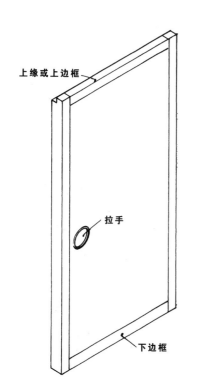

上缘或上边框

拉手

下边框

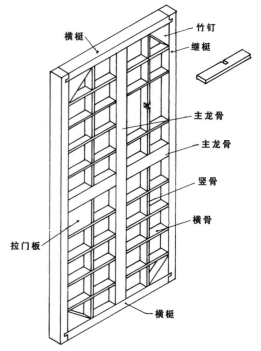

横梃

竹钉

继梃

主龙骨

主龙骨

竖骨

横骨

拉门板

横梃

障子

高裙板多横排障子

障子

障子的种类

腰线以上横排障子　　　腰线以上多横排障子　　　腰线以上多竖排障子　　　成组疏开竖排障子

高裙板多横排障子　　　下部多横排障子　　　水腰方格障子　　　下部密棂障子

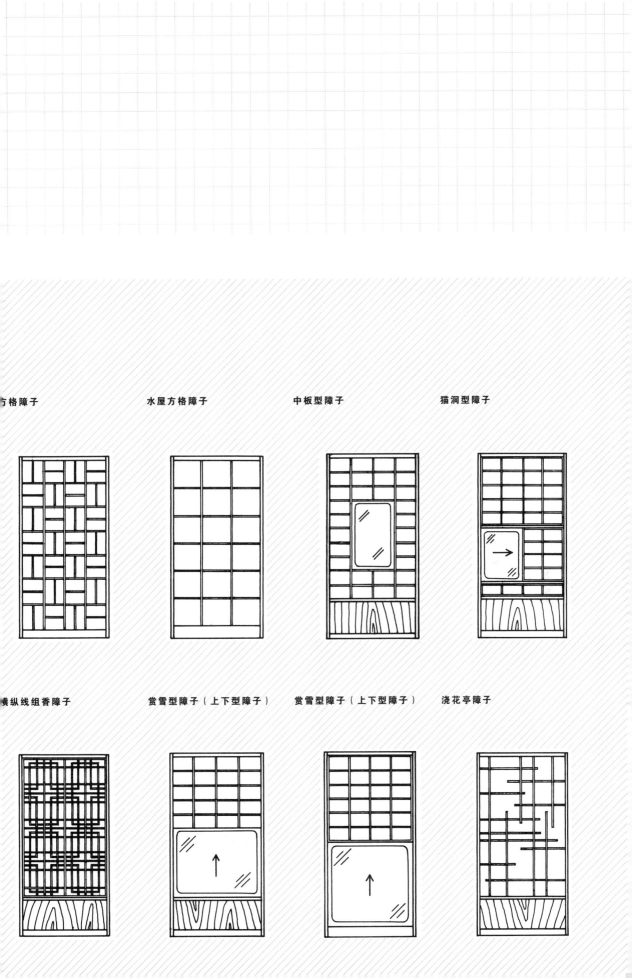

方格障子　　　　　　　水屋方格障子　　　　　　中板型障子　　　　　　　猫洞型障子

横纵线组香障子　　　　赏雪型障子（上下型障子）　赏雪型障子（上下型障子）　浇花亭障子

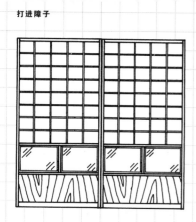

障子

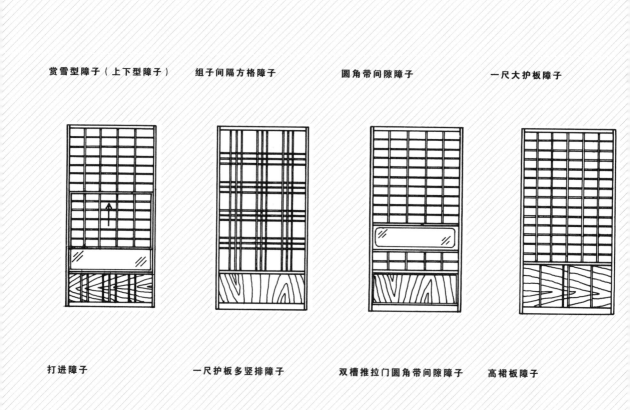

赏雪型障子（上下型障子）　　组子间隔方格障子　　　圆角带间隙障子　　　一尺大护板障子

打进障子　　　　　　　　一尺护板多竖排障子　　双槽推拉门圆角带间隙障子　　高裙板障子

竹障子

置小隔扇式障子

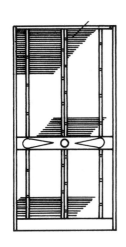

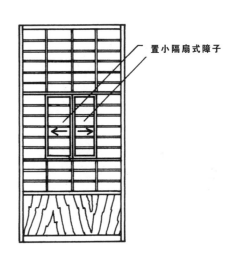

置小隔扇式障子

中空障子

镶玻璃带纸障子

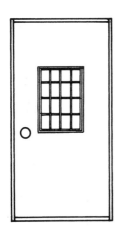

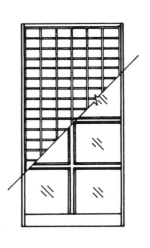

障子各部分名称

竖格子（竖组格子）
上桟
竖桟
组格子
（横组格子）
中桟
下桟

障子

障子各部分名称

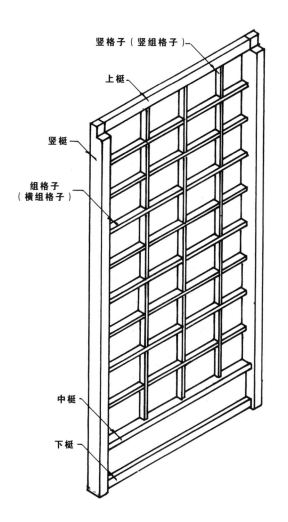

竖格子（竖组格子）

上桟

竖桟

组格子
（横组格子）

中桟

下桟

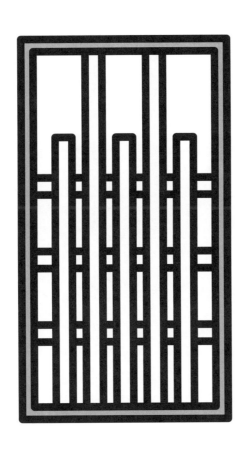

格 栅 门

下部密棂格栅门

格栅门

格栅门的种类

双横棂条板门

镶玻璃格栅门

格栅门

直棂格栅门

下部密棂格栅门

带裙板格栅门

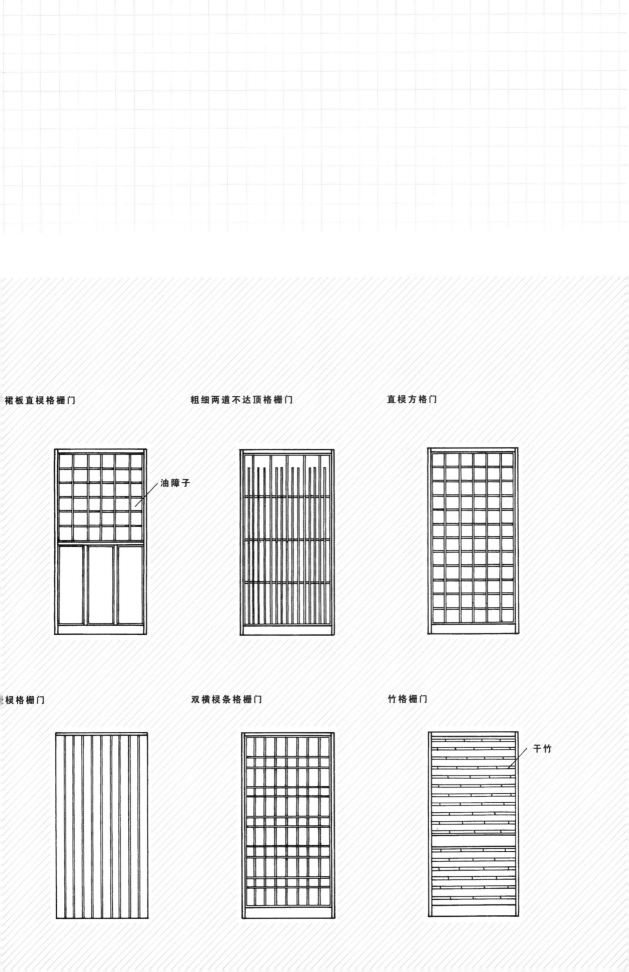

裙板直椳格栅门　　　　粗细两道不达顶格栅门　　　　直椳方格门

油障子

椳格栅门　　　　双横椳条格栅门　　　　竹格栅门

干竹

双横棂格栅门

格栅门

下部密棂格栅门

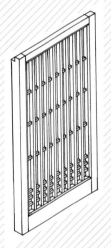

双横棂格栅门

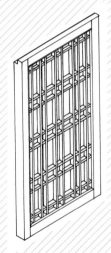

嵌框式格栅门

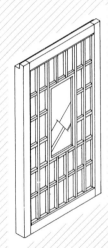

带腰入框格栅门

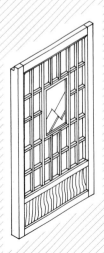

水腰带框格栅门

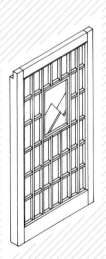

袖缝格栅门

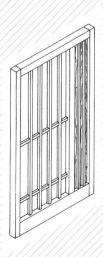

组细组格栅门　　　　　不达顶格栅门　　　　　木连隔格栅门

中带格栅门　　　　　　壶付格栅门　　　　　　粗木格栅门

格栅门

横格栅门

放大图

竖格栅门

放大图

横板格栅门

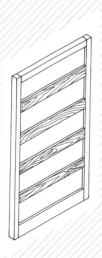

放大图

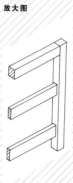

接缝板条竹编格栅门

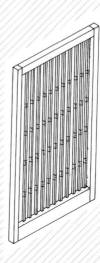

放大图

木格栅门

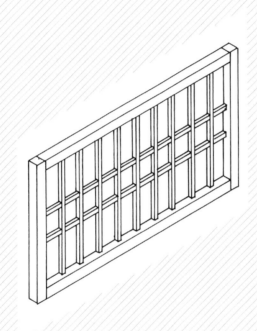

数根细木条成对间隔格栅门

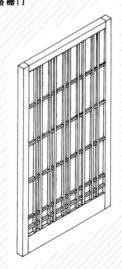

竖条格栅门

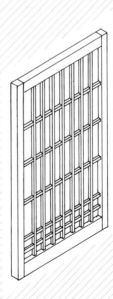

水平横档格栅门

格栅门

系带梳齿格栅门

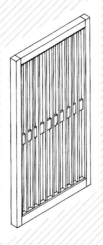

木连格栅门

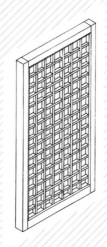

带腰格栅门

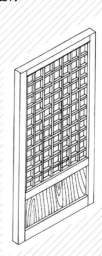

水平横档格栅门

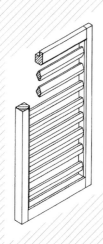

粗细两道不达顶格栅门

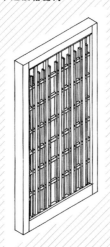

多数细条格栅门

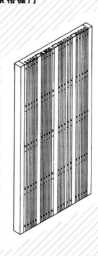

系带水平横档格栅门　　　　　水腰组子间隔格栅门　　　　　袖缝水平横档格栅门

粗边竹制折叠门　　　　　带框格栅门　　　　　带腰组子间隔格栅门

装饰钉

雁翔纹

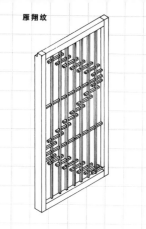

格栅门

扇组纹

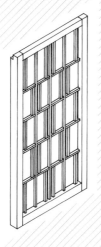

横排扇纹

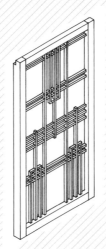

雁翔纹

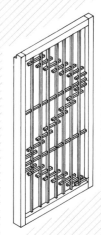

逐万字组纹

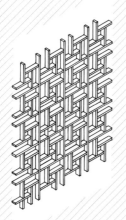

升组纹

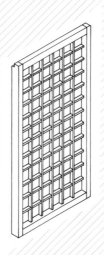

二字交叉纹

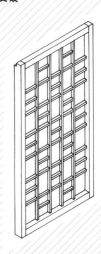

相互交叠组纹

田字组纹

散扇形

筏形纹

竖工字纹 / 雾霭升腾

香图组

变形松针纹

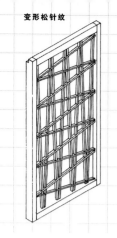

格栅门

变形松针纹 / 松叶交叉

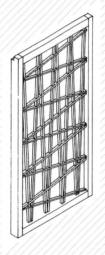

多竖排松叶交叉

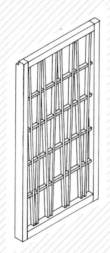

连松叶组

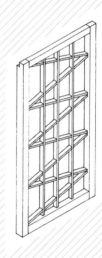

大松皮纹

箭羽组纹

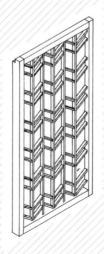

压纹组

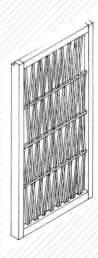

竹笼形

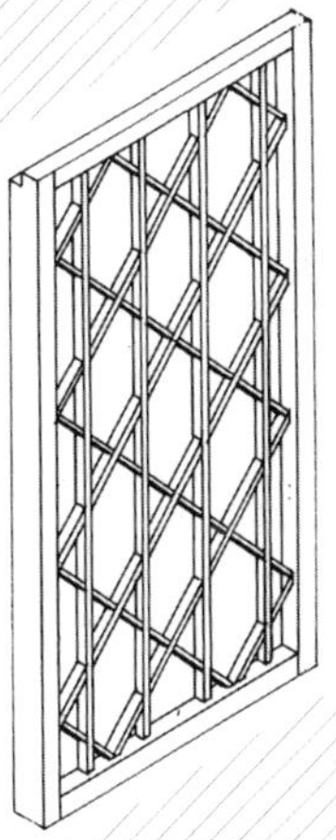

菱组纹

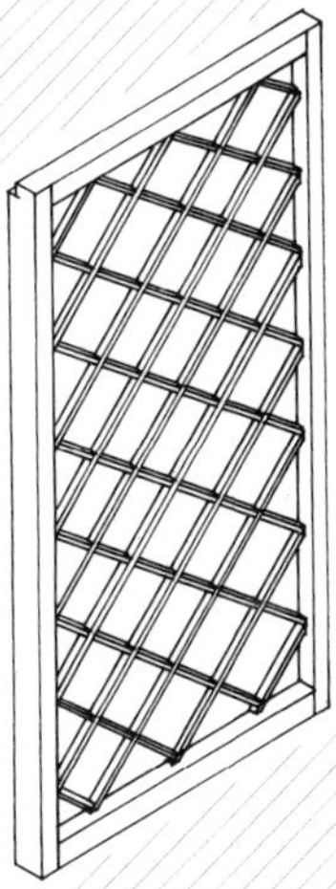

斜格组纹

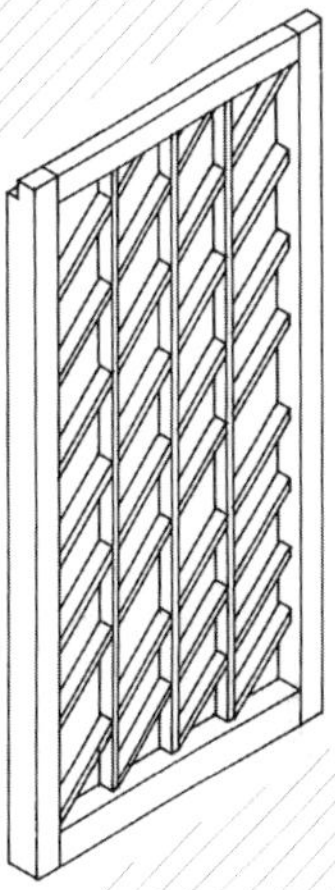

散正二字菱角纹

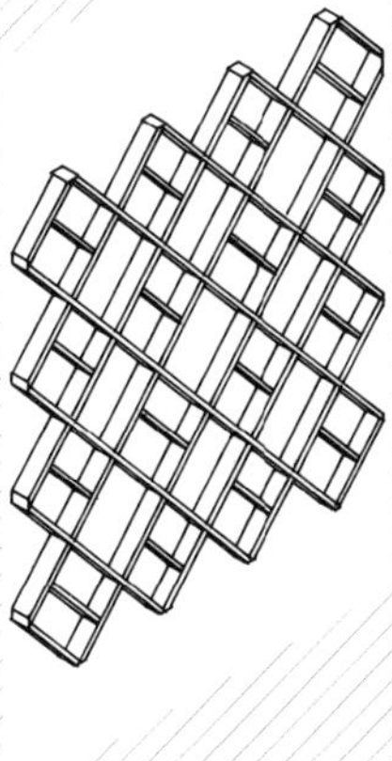

散万字菱角纹

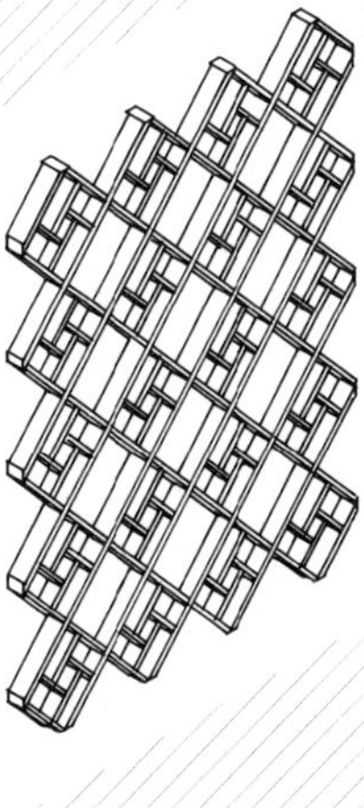

正菱形

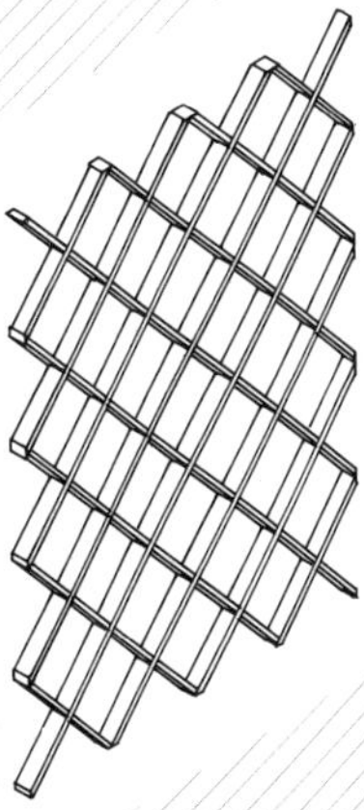

菱形蜻蜓组纹

格栅门

菱形蜻蜓组纹

一重菱形组纹

角龟甲组纹

竖鱼梁纹

菱蜀红组纹

毗沙门龟甲纹

菱形万字组纹

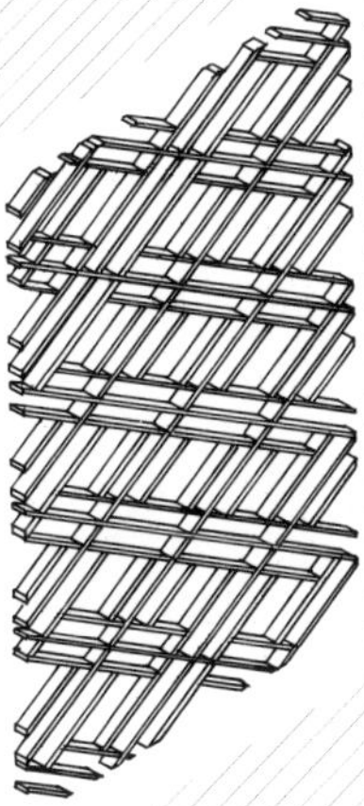

织纹龟甲

麻叶组纹

变形菱纹

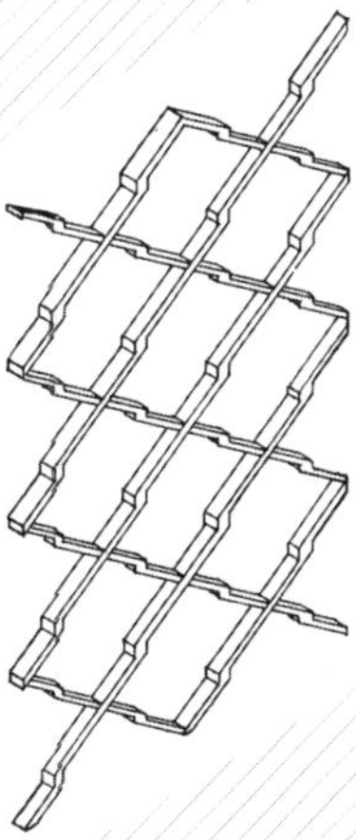

毗沙门组纹

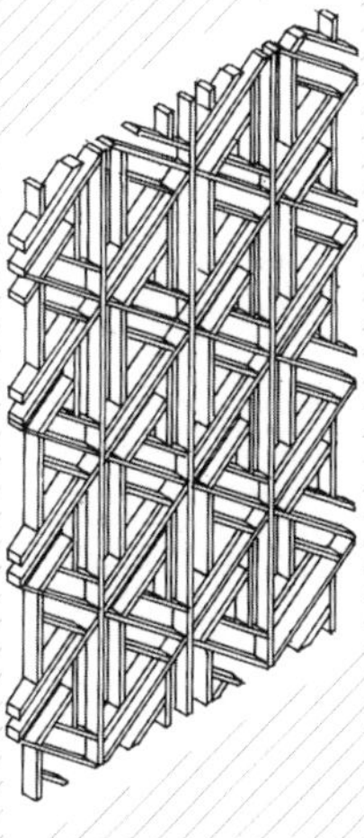

木瓜纹

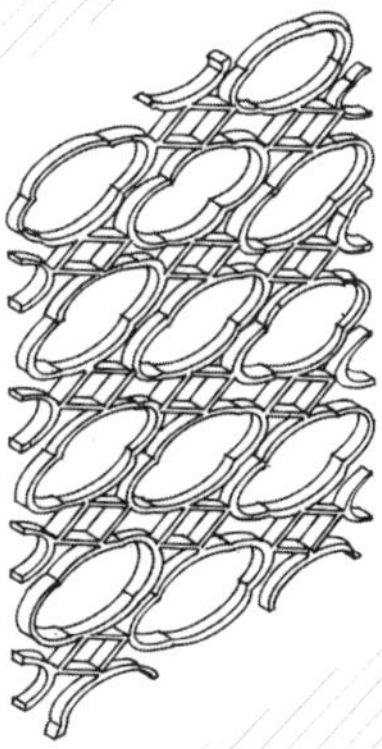

银杏叶菱纹

格栅门

多福菱纹

银杏叶菱纹

提灯菱纹

弯形菱纹 / 绞菱纹

连钱形纹

钱形蜻蜓纹

重重钱纹   圆角组香纹   波形组纹

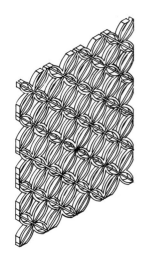

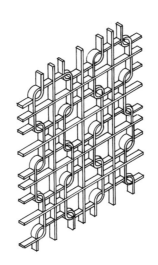

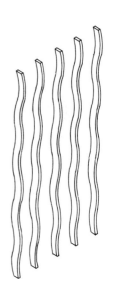

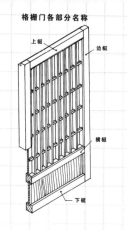

格栅门各部分名称

上梃
边框
横梃
下梃

格栅门

格 栅 门 各 部 分 名 称

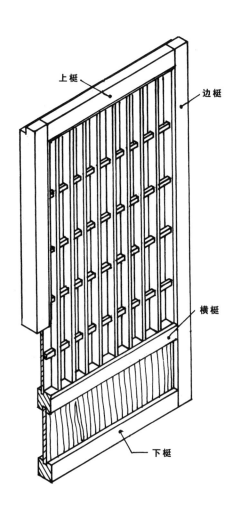

上梃
边梃
横梃
下梃

苇门，帘子门

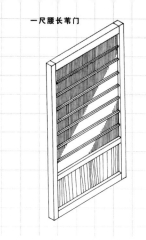

一尺腰长苇门

苇门，帘子门

苇门、帘子门的种类

一尺腰长苇门

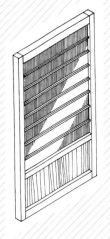

放大图

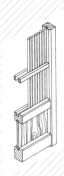

水腰苇门

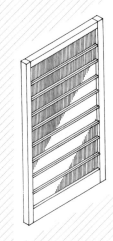

放大图

梳子状苇门

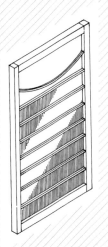

放大图

中带帘子门

放大图

帘子门的种类

透腰帘子门

放大图

水平拉伸帘子门

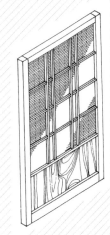

放大图

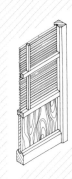

镂空带护板帘子门

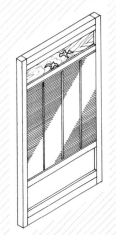

放大图

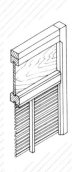

穿竹帘子门

放大图

苇门，帘子门

穿竹帘子门

穿竹帘子门

放大图

放大图

下半部木格子帘子门

放大图

分型帘子门

放大图

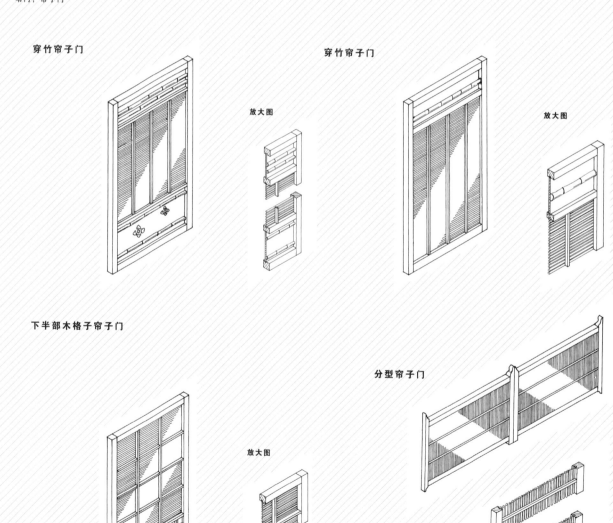

 />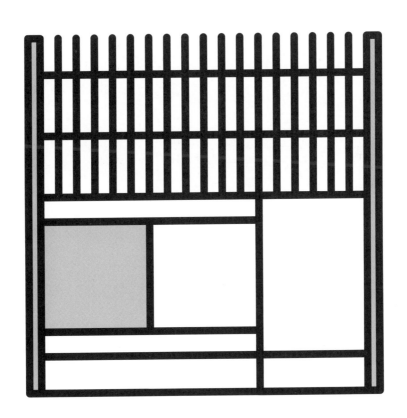

 />贵宾出入口，客人出入口，外墙脚部

贵宾出入口，客人出入口，外墙脚部

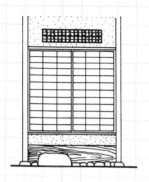

贵宾出入口，客人出入口，外墙脚部

贵宾出入口形状

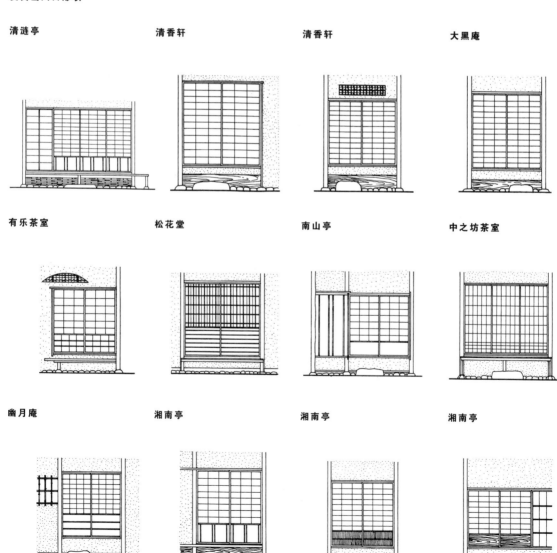

清涟亭　　　清香轩　　　清香轩　　　大黑庵

有乐茶室　　松花堂　　　南山亭　　　中之坊茶室

幽月庵　　　湘南亭　　　湘南亭　　　湘南亭

客人出入口形状

今日庵

反古庵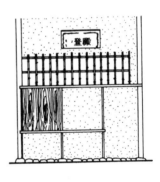

岩崎家燕庵

东阳坊茶室

菅田庵

明明庵

宗徧茶室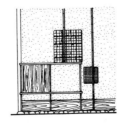

又隐（隐居后仍然工作，所以再度隐居后茶室又名又隐）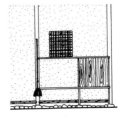

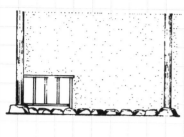

贵宾出入口，客人出入口，外墙脚部

各种外墙脚部

枕流亭（丰公好）

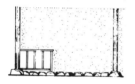

吉野遗芳席（吉野好）

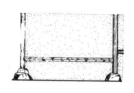

八怒庵（珠光好）

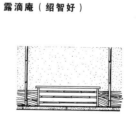

使用圆木进行下部
分离的例子

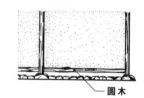

圆木

下部分带护板的例子

护板

辽廊亭护板

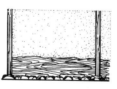

使用竹子进行下部分离的例子

竹子

使用竹子进行下部
分离的例子

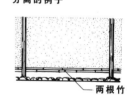

两根竹

燕庵（绍智好）

置竹以进行设计和地板
通风的示例

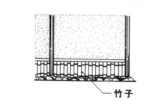

竹子

露滴庵（绍智好）

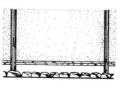

圆木和下部置板的例子

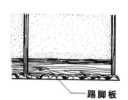

踢脚板

使用竹子进行下部分离，
同时下部带护板

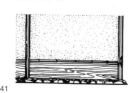

唯松席寄付（庸轩好）

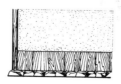

又隐（宗旦好）

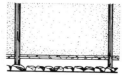

飞涛亭（光格天皇好）

折钉，架子，图案，各部分名称

折钉，架子，图案，各部分名称

各种折钉

稻妻滑动钉

稻妻折钉（双折钉）

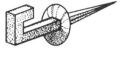

挂帘钉：挂伊予竹帘

大

挂隔扇用钉

中

挂提灯用钉

小

滑动曲钉

贝折钉（弯成直角，一头尖）

用于地板柱子饰花钉

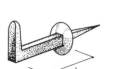

大

地板钉

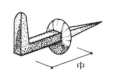

中

挂袋钉

小

壁龛落挂钉

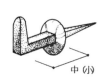

中（小）

合折钉

（两头尖，中间折成直角）

挂花钉

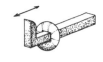

牵牛花钉

各种架子类

吉野架

置水屋

置道幸

水屋柜

木灯笼

江岑架

442

485

303

四方架

志野架
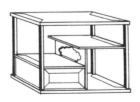

绍鸥架
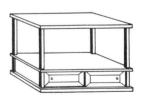

口袋架
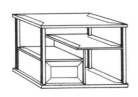

品川架

1257

279

318

竹架子
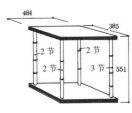

484

385

2 节   2 节

2 节   3 节

551

折钉，架子，图案，各部分名称

炮烙架

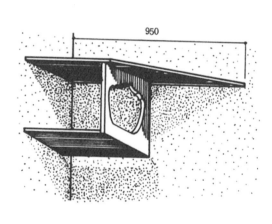

950

短轴

铁制 径 3 寸 2 分

6寸7分

5寸5分

木制

5寸8 分

7寸3分

悬架

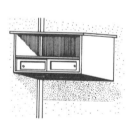

钉箱搁板

雕饰家具腿

上下活动吊钩

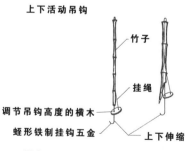

竹子

挂绳

调节吊钩高度的横木

蛭形铁制挂钩五金

上下伸缩

热水桶

三友棚（四方底圆顶两竹足小棚）

圆桌

310

400

330

图案

折钩纹

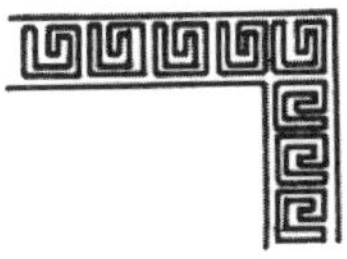

剑和巴字图案

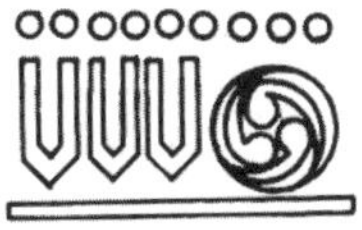

三线间方

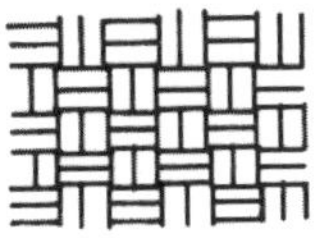

回纹

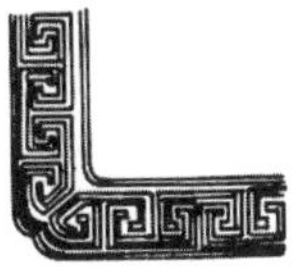

剑锋形

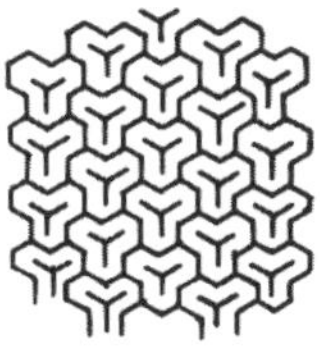

竖波纹

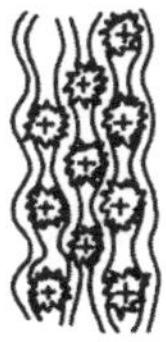

海波纹

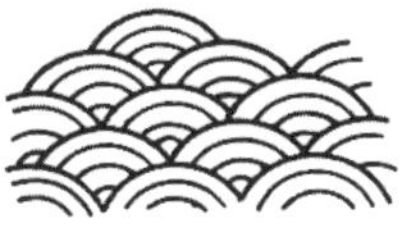

晒网纹

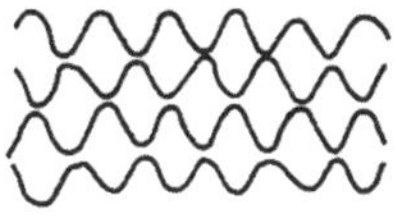

反复涡纹

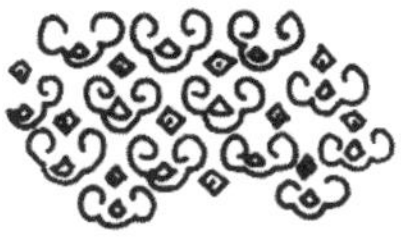

反复涡纹

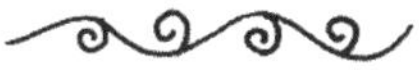

套环式

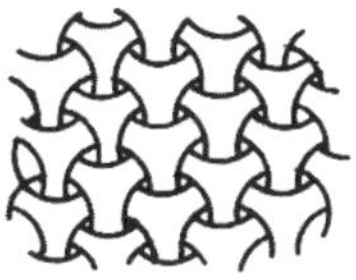

冰裂纹

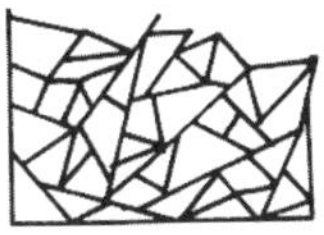

毛石纹

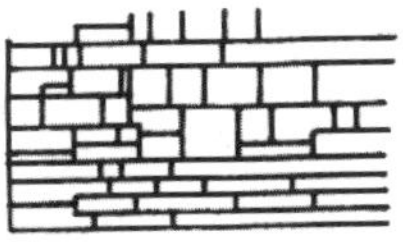

反复涡纹

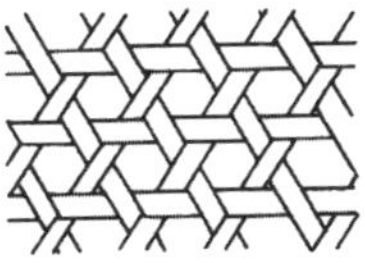

一字形

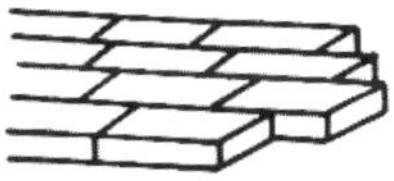

一字形

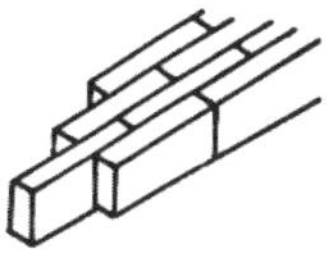

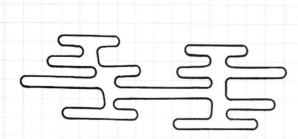

折钉，架子，图案，各部分名称

图案

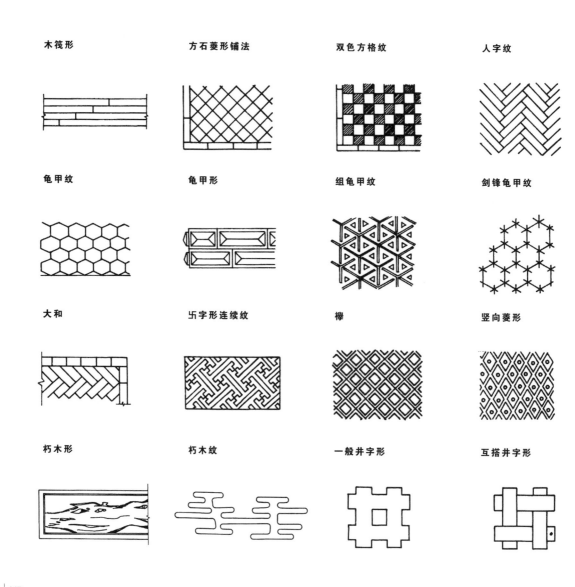

木筏形	方石菱形铺法	双色方格纹	人字纹
龟甲纹	龟甲形	组龟甲纹	剑锋龟甲纹
大和	乚字形连续纹	榉	竖向菱形
朽木形	朽木纹	一般井字形	互搭井字形

图案，各部分名称

木香涡

四叶座

剑形线脚

源氏香图

装饰性钉头盖板

齿轮纹

锯齿纹

粗细线条山形纹

四开菱形

变形菱纹

眼象

壶门形

剥腮

剥地浮雕

剥腮

涡卷纹

涡卷纹

鹰嘴纹

鹰嘴纹

忍冬纹

忍冬纹

蔓叶纹

叶尖纹

卷叶纹

涡卷纹

猿脚形家具腿

鹤脚形家具腿

猫爪形家具腿

雕饰家具腿

象鼻形家具腿

松笠形

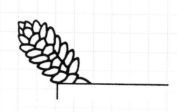

折钉，架子，图案，各部分名称

起翘线脚的种类

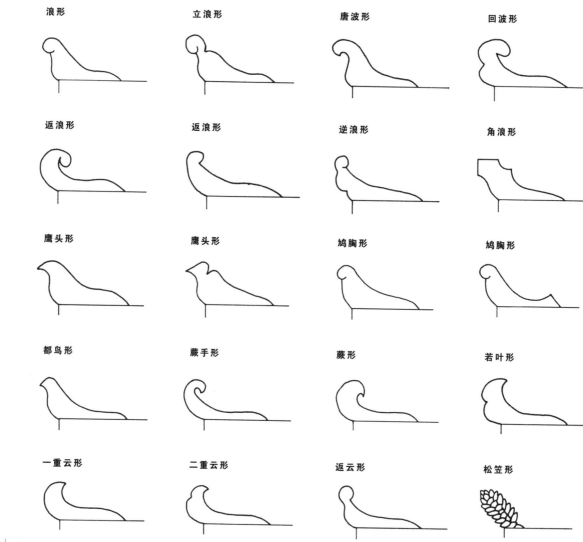

浪形　　　立浪形　　　唐波形　　　回波形

返浪形　　　返浪形　　　逆浪形　　　角浪形

鹰头形　　　鹰头形　　　鸠胸形　　　鸠胸形

都鸟形　　　蕨手形　　　蕨形　　　若叶形

一重云形　　　二重云形　　　返云形　　　松笠形

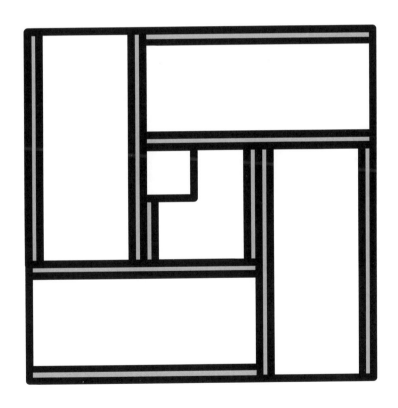

资料 / 各部分名称
（木结构，座敷，茶室），榻榻米

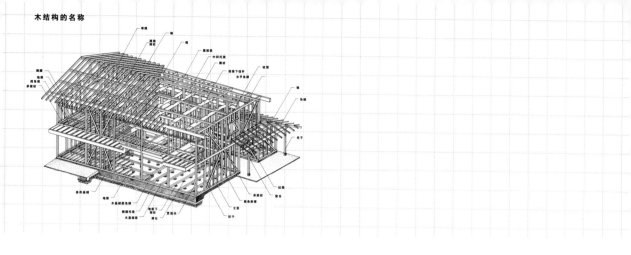

资料 / 各部分名称（木结构，座敷，茶室），榻榻米

木结构的名称

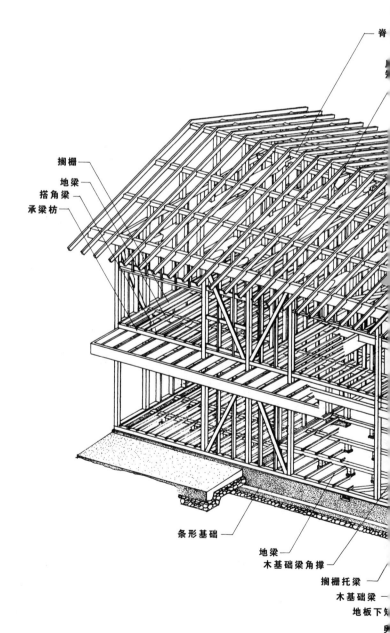

脊

搁栅

地梁

搭角梁

承梁枋

条形基础

地梁

木基础梁角撑

搁栅托梁

木基础梁

地板下

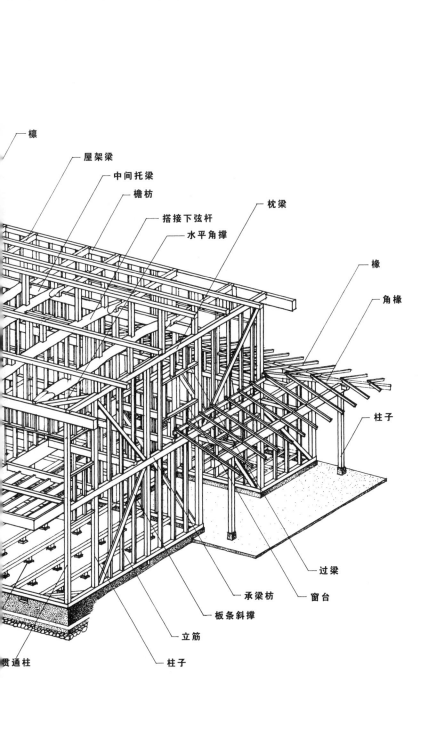

檩

屋架梁

中间托梁

檐枋

搭接下弦杆

枕梁

水平角撑

椽

角椽

柱子

过梁

承梁枋

窗台

板条斜撑

立筋

柱子

贯通柱

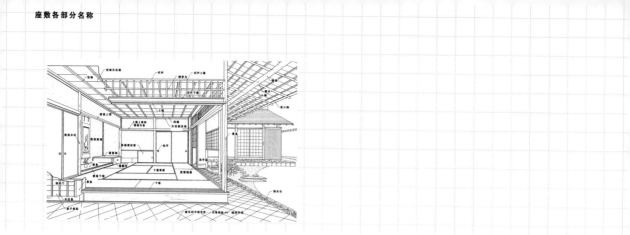

资料／各部分名称（木结构，座敷，茶室），榻榻米

座敷各部分名称

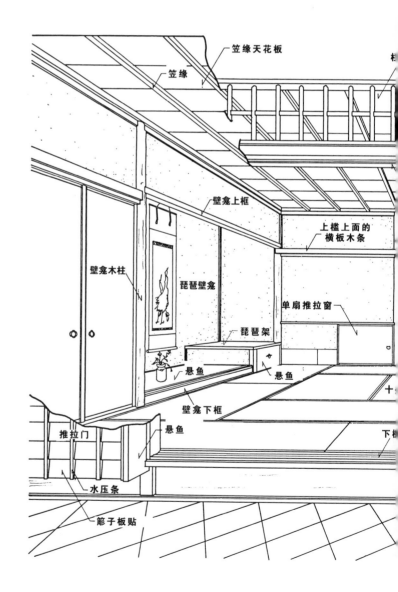

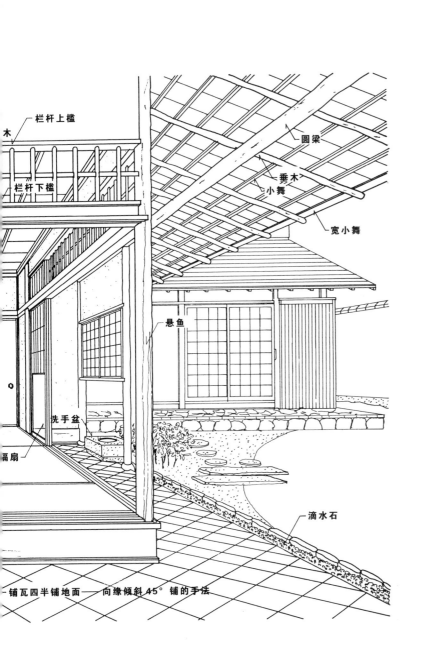

栏杆上槛

木

栏杆下槛

圆梁

垂木

小舞

宽小舞

悬鱼

洗手盆

扇

滴水石

铺瓦四半铺地面——向缘倾斜 45° 铺的手法

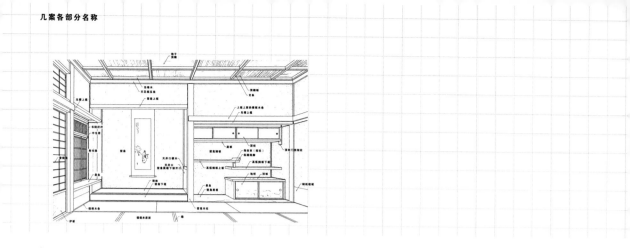

资料 / 各部分名称〔木结构，座敷，茶室〕，榻榻米

几案各部分名称

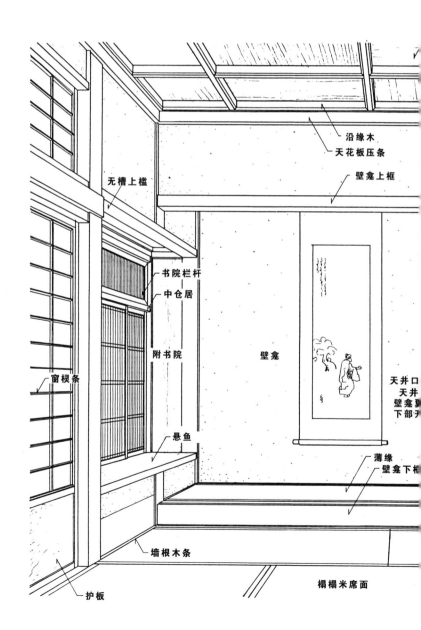

沿缘木
天花板压条
壁龛上框

无槽上槛

书院栏杆
中仓居

附书院

窗棂条

壁龛

天井口
天井
壁龛
下部

悬鱼

薄缘
壁龛下框

墙根木条

护板

榻榻米席面

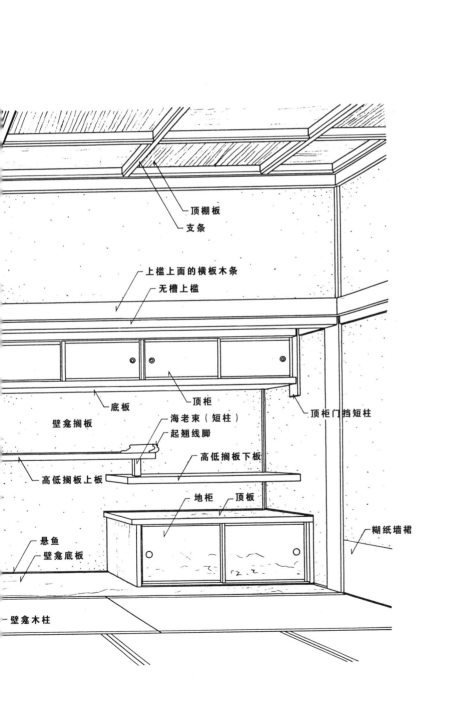

顶棚板

支条

上槛上面的横板木条

无槽上槛

底板

顶柜

顶柜门挡短柱

壁龛搁板

海老束（短柱）

起翘线脚

高低搁板下板

高低搁板上板

地柜　顶板

悬鱼

壁龛底板

糊纸墙裙

壁龛木柱

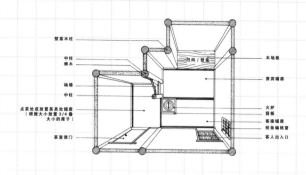

资料 / 各部分名称（木结构，座敷，茶室），榻榻米

茶室各部分名称

四叠 * 半席茶室（客座位于点茶席右侧）

（ * 叠：日本草席，一叠为一块草席，
作为面积单位来使用，通常一叠为
1.62m²）

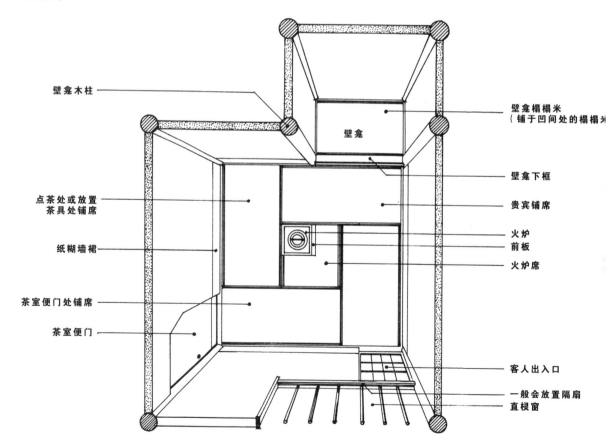

壁龛木柱

壁龛榻榻米
（铺于凹间处的榻榻米

壁龛

壁龛下框

点茶处或放置
茶具处铺席

贵宾铺席

火炉
前板

纸糊墙裙

火炉席

茶室便门处铺席

茶室便门

客人出入口

一般会放置隔扇
直棂窗

二叠半席茶室（客座位于点茶席右侧）

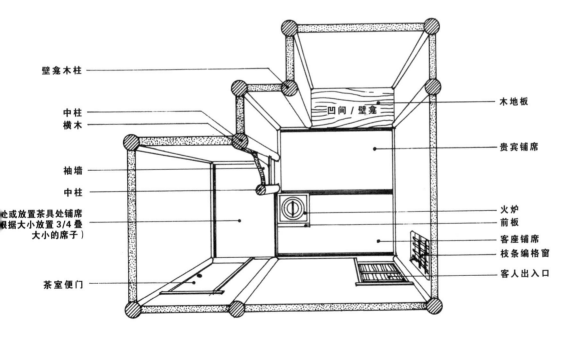

壁龛木柱

中柱
横木

袖墙
中柱

处或放置茶具处铺席
根据大小放置3/4叠
大小的席子）

茶室便门

凹间／壁龛

木地板

贵宾铺席

火炉
前板
客座铺席
枝条编格窗
客人出入口

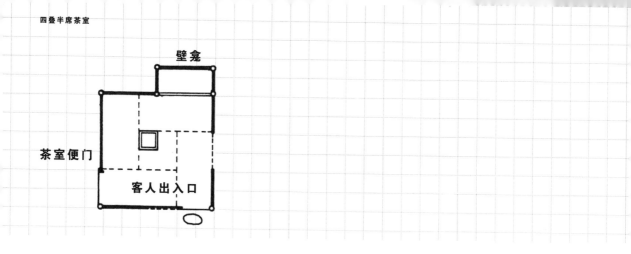

资料／各部分名称（木结构，座敷，茶室），榻榻米

四叠半席以下茶室的基本样式

四叠半席茶室

四叠席横铺茶室

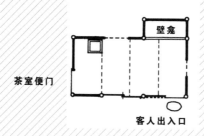

三又四分之三叠席垂直布置茶室

三又四分之三叠席平行布置茶室

三叠席茶室

二又四分之三叠席茶室

二叠席茶室

一又四分之三席茶室

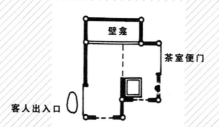

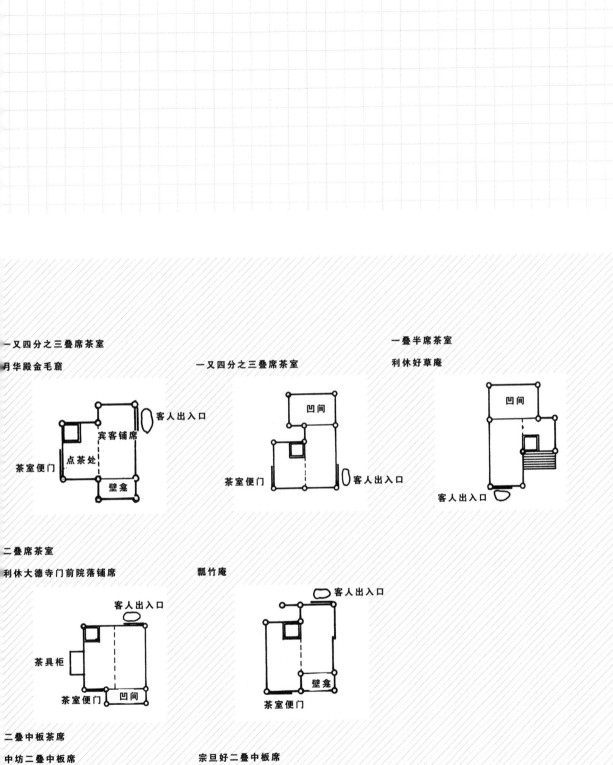

一又四分之三叠席茶室

月华殿金毛窟

客人出入口

宾客铺席

点茶处

茶室便门

壁龛

一又四分之三叠席茶室

凹间

茶室便门

客人出入口

一叠半席茶室

利休好草庵

凹间

客人出入口

二叠席茶室

利休大德寺门前院落铺席

客人出入口

茶具柜

茶室便门

凹间

瓢竹庵

客人出入口

壁龛

茶室便门

二叠中板茶席

中坊二叠中板席

贵宾出入口

茶室便门

洞壁龛

宗旦好二叠中板席

茶室便门

二又四分之三叠席茶室

真珠庵庭玉轩

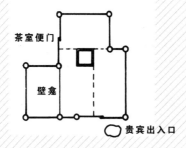

中川宗侧院

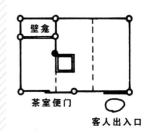

三叠席茶室

聚光院闲隐席

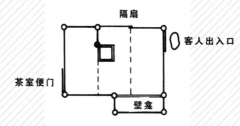

宗贞好三叠席茶室

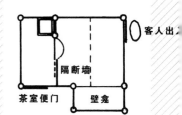

三又四分之三叠席茶室

远州一心寺茶室

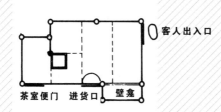

金地院八窗席茶室

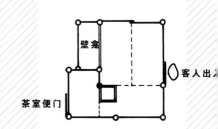

四叠席茶室

奥村宗旦院落

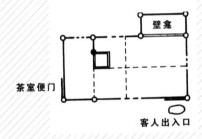

武者小路千家半宝庵

四叠半席茶室

利休草的四叠半茶室

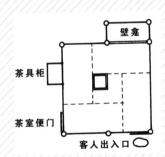

利休四圣坊四叠半席茶室

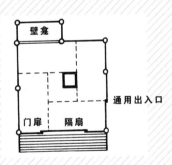

四又四分之三叠席茶室

远州伏见院茶室

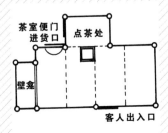

织部八窗庵

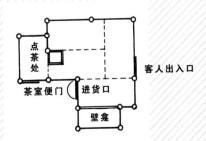

资料 / 各部分名称（木结构，座敷，茶室），榻榻米

四又四分之三叠席茶室

织部好四又四分之三叠席茶室

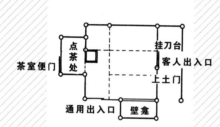

远州好密庵茶室

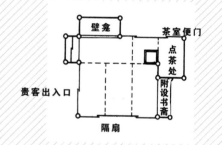

五叠席茶室

时入庵

无色轩

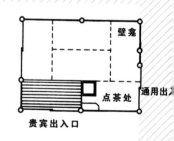

五叠半席茶室

五叠半席

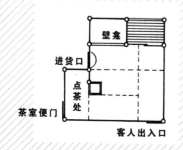

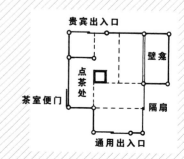

五又四分之三叠席茶室

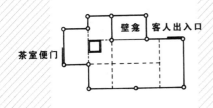

六叠席茶室

六叠铺席

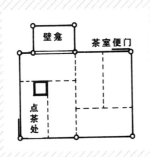

鹿鹿谷住友别墅 六叠席

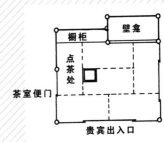

六又四分之三叠席茶室

松涛庵带六又四分之三叠铺席茶室

鹿儿岛玉里茶室

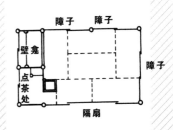

资料 / 各部分名称（木结构，座敷，茶室），榻榻米

七叠席茶室

伏见稻荷茶屋七叠席茶室

武者小路千家环翠园

八叠席茶室

妙喜庵明月棠

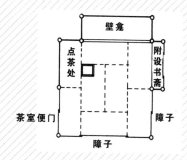

里千家寒云亭

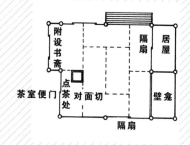

九叠席茶室

松月齐

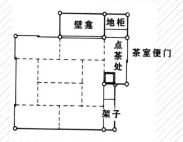

十叠席茶室

表千家残月屋

索引

图片说明引用

神社仏閣図集 1 神社建築編①
神社仏閣図集 1 神社建築編②
神社仏閣図集 1 寺院建築編
絵で見る建設図解事典 4 木工事
絵で見る建設図解事典 5 屋根・板金・左官工事
絵で見る建設図解事典 6 建具・硝子工事
絵で見る建設図解事典 8 雑工事（家具・階段）
絵で見る建設図解事典 10 社寺・数寄屋
絵で見る工匠事典 4 和風建築①
絵で見る工匠事典 9 実用木工事③
全て、株式会社建築資料研究社 発行

术语名称因时代及地域而异，敬请谅解。